山西省晋中麦区优质小麦品质调控技术研究

● 夏 清 著

中国农业科学技术出版社

图书在版编目(CIP)数据

山西省晋中麦区优质小麦品质调控技术研究 / 夏清著. --北京：中国农业
科学技术出版社，2023. 3

ISBN 978-7-5116-6232-3

Ⅰ.①山… Ⅱ.①夏… Ⅲ.①小麦-粮食品质-研究-晋中 Ⅳ.①S512.1

中国国家版本馆 CIP 数据核字(2023)第 049804 号

责任编辑　史咏竹
责任校对　马广洋
责任印制　姜义伟　王思文

出 版 者　中国农业科学技术出版社
　　　　　北京市中关村南大街 12 号　　邮编：100081
电　　话　(010) 82105169 (编辑室)　　(010) 82109702 (发行部)
　　　　　(010) 82109709 (读者服务部)
网　　址　https：//castp.caas.cn
经 销 者　各地新华书店
印 刷 者　北京建宏印刷有限公司
开　　本　185 mm×260 mm　1/16
印　　张　11. 25
字　　数　253 千字
版　　次　2023 年 3 月第 1 版　2023 年 3 月第 1 次印刷
定　　价　56. 00 元

作者简介

夏清，女，1990年10月生，山西省晋中市左权县人，毕业于山西农业大学作物学专业，农学博士，山西农业大学植物保护博士后科研流动站博士后，现为吕梁学院生命科学系副教授。教学方面，先后承担"园林专业英语""特色植物资源学""生物科学前沿专题""作物栽培学与耕作学"等本科课程；获得吕梁学院第六届青年教师教学大赛优秀奖、2022年吕梁学院课程思政教学设计大赛一等奖、2022年山西省课程思政教学大赛三等奖。科研方面，长期从事特色作物营养成分挖掘与利用、土壤微生态环境等方面研究；主持山西省应用基础研究（自由探索类）青年基金项目1项、吕梁市高层次科技人才计划专项1项；参加国家自然科学基金项目、公益性行业科研专项、山西省回国留学人员科研资助重点项目及山西省农谷建设科研专项等多项国家级与省部级项目；以第一作者在《Frontiers in Plant Science》《Peer Journal》《麦类作物学报》等国内外核心刊物发表学术论文多篇；参与编写山西省地方标准2项。

前　言

晋中麦区是山西省小麦主产区之一。按全国小麦气候生态区划，该麦区属于北部晚熟冬麦区，光热资源充足，土壤类型多为适宜小麦生长的褐土，土质为中壤土，区域内一年四季气温变化明显，昼夜温差大。这种独特的温光土水资源条件特别利于发展蛋白质含量高达 14% 及以上的优质强筋中筋小麦。但是，当前山西省小麦生产存在着种植面积急速下降、供需缺口持续拉大、生产成本高、经济效益低、优质麦生产未形成规模化、加工体系发展缓慢、生产投入下降、单产提高停滞不前等诸多问题，目前小麦自产不能满足山西省市场需要。研究不同品种小麦在晋中晚熟冬麦区的生育表现对小麦的栽培、引种和育种都有重要意义。此外，麦田整体表现为有机质偏低、氮素高低不均、部分缺磷，因此，合理配置播期播量，充分利用光热水资源，合理调控施肥措施，实现肥料高效利用，是发掘山西省晋中麦区小麦品质优势的技术途径。加上近年来我国农业产业结构和食物消费结构发生改变，开发富硒、富锌专用小麦品种，对于促进农业产业结构调整、改善山西省食物消费结构、确保山西省农业和食物安全具有重要的现实意义。

本书收录了作者关于山西省晋中麦区优质小麦品质调控技术方面的研究成果，部分成果已在《应用环境与生物学报》《水土保持学报》《植物营养与肥料学报》《麦类作物学报》《山西农业大学学报》《激光生物学报》等核心学术刊物上发表。

本书涉及的研究内容得到了国家小麦产业技术体系冬春混播麦区栽培岗位科学家高志强教授团队的大力支持，得到了山西农业大学农学院杨珍平教授及吕梁学院同仁的大力支持与帮助，在此一并感谢。另外，也要感谢参与相关工作的各位老师及同学。

由于作者水平有限，书中难免有不足之处，敬请广大同行专家批评指正。

夏　清

2022 年 10 月 23 日

前　言

　　晋中麦区是山西省小麦主产区之一。按全国小麦气候生态区划，该麦区属于北部晚熟冬麦区，光热资源充足，土壤类型多为适宜小麦生长的褐土，土质为中壤土，区域内一年四季气温变化明显，昼夜温差大。这种独特的温光土水资源条件特别利于发展蛋白质含量高达 14% 及以上的优质强筋中筋小麦。但是，当前山西省小麦生产存在着种植面积急速下降、供需缺口持续拉大、生产成本高、经济效益低、优质麦生产未形成规模化、加工体系发展缓慢、生产投入下降、单产提高停滞不前等诸多问题，目前小麦自产不能满足山西省市场需要。研究不同品种小麦在晋中晚熟冬麦区的生育表现对小麦的栽培、引种和育种都有重要意义。此外，麦田整体表现为有机质偏低、氮素高低不均、部分缺磷，因此，合理配置播期播量，充分利用光热水资源，合理调控施肥措施，实现肥料高效利用，是发掘山西省晋中麦区小麦品质优势的技术途径。加上近年来我国农业产业结构和食物消费结构发生改变，开发富硒、富锌专用小麦品种，对于促进农业产业结构调整、改善山西省食物消费结构、确保山西省农业和食物安全具有重要的现实意义。

　　本书收录了作者关于山西省晋中麦区优质小麦品质调控技术方面的研究成果，部分成果已在《应用环境与生物学报》《水土保持学报》《植物营养与肥料学报》《麦类作物学报》《山西农业大学学报》《激光生物学报》等核心学术刊物上发表。

　　本书涉及的研究内容得到了国家小麦产业技术体系冬春混播麦区栽培岗位科学家高志强教授团队的大力支持，得到了山西农业大学农学院杨珍平教授及吕梁学院同仁的大力支持与帮助，在此一并感谢。另外，也要感谢参与相关工作的各位老师及同学。

　　由于作者水平有限，书中难免有不足之处，敬请广大同行专家批评指正。

夏　清

2022 年 10 月 23 日

目　　录

第一章

优质小麦品质调控技术研究

第一节 研究背景及意义

一、研究背景

小麦是中国第三大粮食作物，种植面积占粮食作物总面积的 22% 左右，产量占粮食总产的 20% 以上，消费占中国居民口粮消费的 40% 以上，是中国主要的口粮、商品粮和战略储备品，在粮食生产、流通和消费中具有重要地位。随着中国经济发展和市场经济体制的日益完善，中国农业发展面临新的挑战，小麦等粮食产品的生产和消费也出现了新的变化，由单一的数量型效益向质量型、生态型效益转变。

山西是中国重要的小麦主产省份之一，地处暖温带与温带两个气候带之间，光热资源充足，而降水相对偏少，年降水量 400~600 mm，加之山西主要产麦区的土壤类型多为适宜小麦生长的褐土，土质中壤土，区域内一年四季气温变化明显，昼夜温差大，利于小麦生育后期籽粒干物质尤其蛋白质的积累。这种独特的温光土水资源条件特别有利于发展蛋白质含量高达 14% 及以上的优质强筋中筋小麦。但山西麦田整体表现为有机质含量偏低，氮素高低不均，部分地区土壤缺磷。因此，合理配置播期播量以充分利用光热水资源，合理调控施肥措施，是发掘山西省水旱地小麦品质优势的技术途径。

晋中麦区是山西省小麦主产区之一。按全国小麦气候生态区划，该麦区属于北部晚熟冬麦区。该区海拔高，光照足，昼夜温差大，年平均气温 9~10 ℃，最冷月平均气温 -10.7~-4.1 ℃，绝对最低气温 -24 ℃；冬季严寒少雨雪，春季干旱多风，且蒸发强；年降水量 440~710 mm，尤其小麦生育后期降雨少，而小麦生育期长，与北美洲优质小麦产区的地理环境及气候条件相类似。选育和推广抗冻、抗旱、高产稳产、优质、高效品种，多年来一直是该区小麦生产中最重要的一环。通过一大批优良品种及高产栽培技术的推广应用，该区小麦平均单产水平由 20 世纪 90 年代的 4500 kg/hm² 左右提高到目前的 7500 kg/hm² 左右（杨珍平等，2002）。但是，小麦品质并没有取得同步改良，表现为蛋白质含量、沉降值、湿面筋含量等主要品质性状的平均值虽高于全国平均值，但加工品质差，常常表现为强筋不强，面筋拉力不高，弹性较弱，缺乏具有优质面筋和烘烤品质的小麦品种，导致制粉工业缺乏优质原粮，生产出的面粉市场竞争力不强，每年均需进口一定量的优质小麦满足市场需求（裴自友，2009；杨丽雯，2010）。

硬粒小麦（春性）是除普通小麦外的第二个重要麦类栽培作物，它具有较高的营养品质和加工品质，是小麦改良的重要种质资源之一。20世纪70年代初，我国就引进了国外新型硬粒小麦，研究表明硬粒小麦的籽粒透明度、蛋白质含量、湿面筋含量与质量、面筋强度都是影响硬粒小麦品质的主要因素。

除此之外，彩粒小麦作为一种新型小麦，其色素含量、多酚氧化酶活性、抗氧化物质含量及抗氧化酶活性普遍高于普通小麦，蛋白质、氨基酸含量以及对人体有益的微量元素含量也较高。因此，彩粒小麦特别是黑粒小麦的营养和药用保健功能日益受到人们的关注。在美国、加拿大、俄罗斯、澳大利亚等国家，黑粒小麦是重要的加工面包的材料。在我国农业产业结构和食物消费结构进入实质性调整阶段，开发富硒、富锌的彩色小麦品种，对于促进农业产业结构、改善山西省食物消费结构、确保山西省农业和食物安全具有重要的现实意义。

二、研究意义

本研究团队前期已进行了关于"不同粒色小麦优良种质资源发掘及其加工利用""夏闲期三提前蓄水保墒技术对旱地小麦产量与品质提高"的相关研究。通过选育优质专用小麦品种，并辅以合理的栽培耕作措施，以调控山西小麦品质达到最大效益潜力，是当前小麦栽培生产中的关键技术点。本试验计划以当前生产主推且为前期研究筛选出的优质小麦资源品种为材料，研究合理的播期播量、氮肥运筹对本地小麦品质的调控机理；同时，选择特色小麦品种进行富硒、富锌的功能性研究与开发，为集成山西省晋中麦区优质专用小麦品种的适宜栽培技术，开发山西省功能性彩粒小麦品种并将其产业化，丰富山西省优质专用小麦产业链提供理论和技术指导。

第二节　小麦品质调控研究进展

一、中国小麦种植区域划分

我国小麦历年种植面积为全国耕种地总面积的22%～30%，分布遍及全国各省（自治区、直辖市）。其中，冬小麦面积占小麦总面积的84%～90%，主要分布在长城以南，主产省份有河南、山东、河北、江苏、四川、安徽、陕西、湖北、山西等。其中河南、山东种植面积最大。春小麦播种面积约占16%，主要分布在长城以北，主产省份有黑龙江、内蒙古①、甘肃、新疆②、宁夏③、青海等。我国栽培的小麦绝大部分是冬小麦，它与水稻、玉米、甘薯、棉花等秋季作物配合，可以调高复种指数，增加粮食总产量。

根据各地不同的自然条件和小麦栽培特点，把全国划分为 10 个不同类型的小麦种植区，便于因地制宜、合理安排小麦生产。

（1）黄淮冬麦区。包括山东全省，河南除信阳地区以外全部，河北中南部，江苏和安徽两省的淮河以北地区，陕西关中平原，山西西南部及甘肃天水地区。麦田面积及总产分别占全国的 45% 及 51% 以上，5 月中旬至 6 月下旬成熟。

（2）北部冬麦区。包括河北长城以南的平原地区，山西中部与东南部，陕西北部，辽宁与宁夏南部，甘肃陇东，北京与天津两市。麦田面积占全国的 8%，成熟期通常为 6 月中下旬。

（3）长江中下游冬麦区。全区北抵淮河，西至鄂西、湘西丘陵地区，东至滨海，南至南岭，包括上海、浙江、江西 3 省（市）全部，江苏、安徽、湖北、湖南 4 省部分，以及河南信阳地区。麦田面积占全国的 12%，成熟期在 5 月下旬。

（4）西南冬小麦区。包括贵州全省，四川与云南大部，陕西南部，甘肃东南部，以及湖北与湖南两省西部。麦田面积和总产均为全国的 12% 左右，成熟期在 5 月上中旬。

（5）华南冬小麦区。包括福建、广东、广西④、海南和台湾 5 省（区），以及云南南部。麦田面积只占全国的 1.6%。

（6）东北春麦区。包括黑龙江、吉林两省全部，辽宁除南部沿海地区以外的大部分地区，内蒙古东北部。全区麦田面积占全国的 8%，种植制度为一年一熟，小麦 4 月中旬播种，7 月 20 日前后成熟。

（7）北部春小麦区。全区地处大兴安岭以西，长城以北，西至内蒙古鄂尔多斯市及巴彦淖尔市，北临蒙古国，此外，还包括河北、陕西两省长城以北地区及山西北部。麦田面积占全国的 2.7%，7 月上旬成熟，最晚可至 8 月底。

（8）西北春麦区。全区以甘肃及宁夏为主，并包括内蒙古西部及青海东部。麦田面积占全国的 4.1%，8 月上旬成熟。

（9）新疆冬小麦区。麦田面积占全国的 4.5%。冬麦品种强冬性，8 月中旬播种，翌年 8 月初成熟。

（10）青藏春冬麦区。包括西藏⑤和青海大部，甘肃西南部，四川西部，以及云南西北部。麦田植面积占全国的 0.5%。成熟期为 8 月下旬至 9 月中旬。

---

① 内蒙古自治区，全书简称内蒙古。

② 新疆维吾尔自治区，全书简称新疆。

③ 宁夏回族自治区，全书简称宁夏。

④ 广西壮族自治区，全书简称广西。

⑤ 西藏自治区，全书简称西藏。

二、山西省晋中麦区小麦发展状况

我国人口数目在不断增加，而耕地面积却持续减少，使得小麦供给与需求失去平衡。为了填补耕地面积缺失造成的粮食缺乏，许多小麦生产与研究人员将提高单位面积产量作为长期追求的目标（田纪春等，2006；王丽芳等，2012）。然而，身处经济与科学技术快速发展的时代，人们的理念也有了新的变化，"高产、高效、优质、生态"的小麦品种成为近年来小麦培育研究的主攻方向（余松烈，1987；陶永清等，1998；田奇卓等，1998；赵廷珍，1994；卫云宗等，2000；张保军等，2002）。目前，已有许多学者对小麦生理生态特性、品种性状、旱地栽培技术、高产潜力等进行了研究（王宝青，2014）。在众多单产和品质提高的因素中，品种改良和新品种的选育推广是解决问题最有效的途径。

山西省是我国小麦主产区之一，其中部和南部地区是重要的小麦商品粮生产基地，其中晋南属黄淮中熟冬麦区，晋中属北部晚熟冬麦区（杨珍平等，2009），在全国小麦品质区划中均隶属黄淮北部强中筋麦区（贺文强等，2006）。由于小麦生产比较效益低，山西省小麦种植面积急速下降（目前基本维持在 70 万 hm² 左右），供需缺口呈拉大趋势（张定一等，2006）；由于小麦生产投入下降，导致单产提高停滞不前（杨丽雯等，2010）；由于小麦品种的品质状况有待提升，强筋不强，甚至一些地区生产的面粉质量与国家标准还有很大差距，因此优质麦生产尚未形成规模化（高志强等，2004；裴自友等，2009）。上述原因均造成山西小麦自产不能满足全省市场需要。

晋中麦区是山西省小麦主产区之一，属于北部晚熟冬麦区。海拔高，光照足，昼夜温差大；冬季严寒少雨雪，春季干旱多风，且蒸发强；年降水量 440~710 mm，尤其小麦生育后期降水少，而小麦生育期长，与北美洲优质小麦产区的地理环境及气候条件类似。选育和推广抗冻、抗旱、高产稳产、优质、高效品种，多年来一直是该地区小麦生产的重中之重。

关于引进品种的气候生态适应性、产量表现、品质性状、遗传多样性等，前人已做了大量研究，但主要集中在同一麦区或相近麦区的育成品种上（张志诚等，2004；谢尚春等，2009；刘新月等，2012；李艳丽等，2014；刘易科等，2014；曹广才等，2004；崔凤娟等，2014；姜小苓等，2014；程敦公等，2014；王宪国等，2014；李鲜花等，2014；吴宏亚等，2014；马淑梅等，2014），而关于跨麦区的南麦北移、冬麦春种的气候生态适应性，及其产量与品质性状研究相对较少（高志强等，2003）。晋中麦区属北方强筋、中筋麦区。随着全球气候变暖，该麦区近50年来平均气温升高，无霜期延长，便于作物越冬（梁运香等，2011）。因此，小麦品种选育和种植资源的选择也应围绕气候变化展开。

三、优质强筋小麦的特点及用途

小麦是我国粮食系统中营养比较丰富、经济价值较高的商品粮。籽粒含有丰富的淀粉、蛋白质、多种矿质元素和维生素。蛋白质的含量与质量决定了小麦品质的好坏。

优质强筋小麦具有专用、内在品质要求高、品种相对单一、分布较固定、生产与消费在不断增加等特点。近两年，在国家大力推广优质小麦的政策下，优质品种小麦的播种面积大幅增加；随着收入水平的提高，人们对面粉精细化的要求在逐步提高，消费习惯也在发生变化，这些都影响着优质强筋小麦的消费量。总体趋势是优质强筋小麦消费量在逐年缓慢上升。优质强筋小麦主要用于加工制作面包、拉面和饺子等要求面粉筋力很强的食品。其中，加工制作面包全部用优质强筋小麦，对小麦品质要求最高。为了提高面包粉质量，国内一些专用粉厂还经常在国产优质强筋小麦中添加进口高筋小麦。加工饺子粉，也要优质强筋小麦混配，提高面粉质量，增加食品的口感。另外，对于一些质量较差的小麦，通过添加优质强筋小麦改善其内部品质，用于加工馒头和其他面食。如东北地区用优质强筋小麦粉与春小麦粉搭配，改善春小麦粉的质量。

我国优质强筋小麦品种很多，但存在品质退化现象，种植面积较大而且品质稳定的品种不多，而且这些品种的品质是逐年变化的。我国优质强筋小麦品质的地理分布趋势是由北向南逐渐变差。由于受到种植区域气候的影响，同一优质强筋小麦品种的品质在不同地区、不同年份存在明显差异，由此影响达到标准的优质强筋小麦产量。优质强筋小麦的种植不同于普通小麦，要求连片种植并单收、单打、单储，这样才能有效保证其品质。美国、加拿大等国的小麦之所以品质稳定，一个重要的原因就是，这些国家的小麦都是按不同的生态区来划定种植区域，一个区域内大规模连片种植同一类型的品种。我国由于生产规模小，优质小麦采用一家一户的种植模式，一个乡往往种植几个乃至十几个不同的小麦品种，品质类型不同的品种混杂种植，导致品质严重下降。随着人们市场化意识的提高和我国小麦产业化的发展，国产优质麦的品质将会逐步改善。

四、硬粒小麦研究进展

硬粒小麦（春性）是除普通小麦外的第二个重要麦类栽培作物，它具有较高的营养品质和加工品质，是小麦改良的重要种质资源之一（查如璧等，1995）。20 世纪 70 年代初，我国就引进了国外新型硬粒小麦，研究表明硬粒小麦的籽粒透明度、蛋白质含量、湿面筋含量与质量、面筋强度都是影响硬粒小麦品质的主要因素（张定一等，2009）。Desai 和 Bhatia（1978）的研究表明氮对硬粒小麦的生物产量、谷物产量和蛋白质产量有显著的增产效应。

由于硬粒小麦蛋白质结构以及蛋白质与淀粉之间相对布局的某些特点，特别适于制作通心面，用硬粒小麦制作的通心面光滑、透明、强度大、口感好、耐煮性强、回锅不黏连。意大利的法律规定，生产通心面只能用硬粒小麦。此外，硬粒小麦也可被用来制作面包、面条，亦可制成品质优良、口感好的其他产品。

我国人民，尤其是以北方民众对面条情有独钟，如果对硬粒小麦进行大面积推广开发与加工，国内市场必然红火。一是用硬粒小麦制作的通心面，口感好，营养价值高，喜欢面食的人很容易接受通心面；二是在普通面粉中加入一定量颗粒粉，用之制作的挂面，能明显改善挂面的质量，增强耐煮性，提高口感性。随着我国粮食结构的调整及粮食收购政策的进一步落实，优质优价将刺激农民由种植一般的普通小麦逐步向优质专用小麦发展，硬粒小麦作为一种优质专用麦也将有很大的发展前途。

五、彩粒小麦研究进展

当前，"高产、优质、生态、安全"已成为小麦育种和生产的战略性目标。山西省中部和南部地区气候湿润多雨，适合小麦的种植，可作为小麦商品粮生产基地（杨珍平等，2009）。山西人视小麦为主要粮食来源，馒头、面条是晋南、晋中人餐桌不可或缺的美食，因此山西人历来就注重小麦品质的选择（张立生等，2004）。在20世纪80年代，山西小麦育种专家就已经开始进行拓展小麦品质资源的试验，并筛选和育成了一些适宜加工的优质小麦品种。但由于这些优质小麦品种数量少、产量低，远不能满足生产与加工的需求（张立生等，2004）。因此，可以引进国内外优质小麦品种，从而扩充山西小麦品质资源。

彩粒小麦主要是指籽粒种皮颜色与农业生产中种植品种有差异的小麦，其麸皮颜色主要是由天然色素形成，如类胡萝卜素、花青素等，这些物质在小麦种皮或糊粉层中积累，便形成不同的颜色（如黑色、蓝色、紫色等）。彩色小麦作为一种纯天然的粮食新原料，大量品系（种）已被证明含有较多的蛋白质、维生素C、膳食纤维、氨基酸、不饱和脂肪酸，以及钙、铁、锌、硒等对人体有益的矿物质或微量元素（Zeven，1991），其含量均高于普通粒色小麦，而且必需氨基酸含量较多，组成较平衡，硒含量突出（唐晓珍等，2009）。这些蓝色、黑色、紫色小麦品种不仅可以在小麦育种方面发挥关键作用，而且还具有较好的加工品质、较高的营养价值和良好的保健功能，可以作为人们预防疾病、促进健康的保健食品（Zeven，1991），应用价值和市场开发潜力很高，因而也被称作保健小麦。由于彩色小麦含有类胡萝卜素和花青素，使其具有了抗氧化、抗衰老、预防心血管疾病和抗癌的功效。近年来，随着我国营养缺乏症、心血管疾病、癌症及"三高"患者逐渐增多，人们对彩粒小麦的保健功能越来越重视，再加上经济的迅速发展和人民生活水平的日益提升，人们的饮食结构产生了变化，由原来的温饱型向目前的营养型、保健型和功能型转变。因此研究开发食品工业的新宠儿——彩粒小麦，能使我国居民面临的营养失衡和微量元素缺乏现象通过正常饮食得到改善。

目前已报道的小麦籽粒颜色有紫色、蓝色、黑色、绿色、红色、白色等。欧洲多个国家已经成功育成了不同粒色小麦新品种，在中国现已培育成的彩粒小麦品种有河东乌麦526、漯珍1号、秦黑1号等（余杰等，2002；苏东民等，2000；何一哲等，2003）。近些年，彩粒小麦作为纯天然的功能食品原料，因其优良的品质及较高营养价值备受广大群众的关注。目前许多流行的食品都是由彩粒小麦制成。研究者通过对彩粒小麦河东乌麦526的主要营养元素进行检测，发现其籽粒蛋白质、纤维素含量分别比普通粒色小麦高出19.3%、43.8%，含有丰富的氨基酸种类且比例合理，其中必需氨基酸占总氨基酸含量的41.67%；矿质元素和维生素含量丰富，尤其是磷、铁、锰、硒、碘、维生素 B$_1$、维生素 B$_2$ 和维生素 C 较突出，抗氧化能力强（刘惠芳等，1999；唐晓珍，2008）。另有研究发现黑粒小麦粉的蛋白质含量比普通白粒小麦高 17.71%。苏东民等（2000）对漯珍 1 号进行检测分析，也证明了彩粒小麦具有营养及保健功效。研究者选取 15 份彩粒小麦资源进行品质检测，发现不论籽粒种皮的色素基因属于何种类型，其籽粒所含的蛋白质含量、赖氨酸含量要比寻常小麦高出许多。蓝粒小麦富含具有抗氧化、抗癌作用的花青素，其含量是普通粒色小麦的 6.43 倍（李杏普等，2003）。彩粒小麦含有的必需氨基酸含量比普通粒色小麦高 33.3%~75.0%，纤维素含量比普通粒色小麦高 43.8%（刘慧芳和张名位，1999），且蛋白质含量、抗氧化能力均随着籽粒颜色加深而提高。研究表明，与普通的白皮、红皮小麦相比，黑色小麦蛋白质含量高，富含大量的钙元素，且黑色小麦出粉率高，面筋的拉伸性强，适宜制作面条（王立新，2004；党斌等，2006）。紫色小麦品种不仅蛋白质、氨基酸含量高，而且富含有益于人体的微量元素与矿物质（时玉晴等，2014；马东，2008）。崔力勃等（2004）的研究表明，高筋紫色小麦虽然面筋强度低，但与面筋数量形成互补，可应用于面条和馒头加工。

彩粒小麦与普通小麦最明显的差别是种皮颜色深，大量研究已经发现彩粒小麦的籽粒中含纯天然色素，以花青素为主（高建伟等，2000；孙群等，2004；李杏普等，2003；余杰等，2002）。花青素又称花色素，是一种水溶性色素，普遍存在于彩粒小麦中，在增强血管弹性、保护心脑血管、保护循环系统、改善皮肤的光滑度、防止炎症、抗过敏、抗氧化、抗突变、预防肝功能障碍、抗癌、清除有害自由基、增进视力等方面有多种保健功效，对人体大有裨益（温海军等，2003；Nair，1999）。由于花青素的不稳定性，主要以花色苷的形式存在于彩粒小麦中，不同的花色苷颜色不同，从而形成了籽粒多种颜色，如蓝色、紫色、黑色、红色和绿色。

彩粒小麦是一种富含蛋白质、纤维、矿质元素和维生素的纯天然优质彩色食品原材料，若把其制成各类高营养功能食品，将具有极大的开发潜力和广阔的市场应用前景。山西省农业科学院作物遗传研究所选用黑粒小麦 76 加工成黑小麦专用面粉、富硒醋、黑麦片、黑麦方便面等功能食品。山西大学杨纪红等（2001）联合山西省农业科学院薛春生等（2001）成功研发出营养保健型黑麦酱油。河南工业大学成功研制出黑麦馒头、饺子、包子、面条、面包等黑色食品（陈志成等，2003）。总之，彩色小麦的高营养价值使其在功能农业发展和食品开发方面具有很高的开发潜力和广阔的应用前景。

六、小麦面团质构特性研究进展

饺子、面条均是中国北方的传统食品（田志芳等，2014；张剑等，2006）。饺子皮主要由面粉制作而成，面粉特性是影响饺子品质的重要因素之一（兰静等，2010）。相对于饺子和面条，国内外有关面粉品质特性与饺子品质性状的关系方面的研究还不够深入，大部分研究集中在饺子专用粉开发和添加剂对饺子品质改良方面（王东伟和梁玮，2003；朱俊晨和翟迪升，2004）。

李桂玉等（2004）分析表明，速冻饺子专用粉应具有灰分低、蛋白质质量好的特性，片面追求蛋白质数量而忽视蛋白质质量的优劣，是影响饺子冻裂率的重要因子。杨铭铎等（2006）研究表明，面团形成时间与饺子感官评分呈显著正相关，用糊化黏度仪测量的最高黏度与饺子感官评分呈正相关。张国权等（2005）分析饺子专用粉的淀粉品质特性指出，优质饺子专用粉不但应具有较好的蛋白质品质，还应具有合适的淀粉构成、较高的峰值黏度、较强的凝胶形成能力和较大的淀粉膨胀体积，糊化黏度仪和RVA快速黏度仪指标能有效预测饺子品质。李梦琴等（2008）认为形成时间、稳定时间、粉质指数与饺子品质均表现为极显著正相关；饺子专用粉生产要着重控制形成时间、稳定时间等面团流变学指标。

我国对有关面条专用小麦的研究起步相对较晚，近年来，市场对高质量面条专用小麦的需求不断增长。鉴于面条是我国的主要面制品之一，而提高面筋强度是我国北方冬麦区品质改良的主要目标（陈淑萍等，2009）。饺子与面条都属于蒸煮食品，其对面粉的品质要求有类似之处。山西省小麦品质区划隶属于黄淮北部强筋、中筋麦区（张立生等，2010），优质专用型小麦品种相对较缺乏，前人在这方面也做了研究，但所用的小麦样品数量偏少且大多以商业面粉为材料，尚没有对育成品种进行分析筛选。

随着社会经济的发展，面包已成为人们日常生活中的重要食品，品质好且质量稳定的面包专用粉已引起越来越多生产厂家的重视（冯新胜和王克林，2005）。但是由于目前我国小麦品质的限制，致使生产出来的面包专用粉质量较差。近年来中国学者对小麦品质与面包质构的研究已有很多报道（王光瑞等，1997；赵乃新等，2003；赵新和王步军，2008；李昌文等，2008；曾浙荣等，1994；顾雅贤，2005；楚炎沛，2003；张铁松，2004；彭义峰等，2011；陶海腾等，2011；路辉丽等，2012；赵莉等，2006；张桂英等，2010；尹成华等，2012），其中顾雅贤（2005）认为面粉的形成时间和稳定时间对面包的烘焙品质具有重要影响，只要二者达到要求，就能做出好的面包；楚炎沛（2003）用P/35探头测试了面包片的质构特性，并分析探讨了面包片的质构特性与面包品质之间的相关性；张铁松（2004）研究了8种品牌面粉制作的面团质构特性与面包品质之间的相关关系；彭义峰等（2011）研究了不同小麦制作的面包质构指标与感官总分之间的相关性。

七、播期和播量对小麦生长发育与品质的影响

在全球气候变化的条件下，对当地主推小麦品种的栽培措施实行适当调整很有必要（王夏等，2011）。适宜播期配合播量不仅可以使小麦充分利用光、热、水资源，而且可以构建合理的群体结构，最终培育壮苗，使其产量与品质协调发展。早播容易使越冬前小麦的生长速度加快，进而过多消耗土壤养分，后期早衰；晚播容易使前期小麦生长速度减慢，而后期生长速度加快，穗小粒少，冬前很难形成壮苗，过多的小穗在穗分化过程中退化，导致无效小穗数增多（余泽高等，2003；汪建来等，2003；徐恒永等，2001；孟庆树，2006；吴九林等，2005；阴卫军等，2005；马溶慧等，2004；Laloux

等，1980)，进而影响小麦产量与品质。播量太大，小麦群体发育差；播量太小，群体密度低，产量与品质也同样受影响。

(一) 播期对小麦生长发育及产量与籽粒蛋白质含量的影响

小麦农艺性状、营养性状、产量性状及籽粒蛋白质含量受基因、环境及栽培措施因素的共同影响。决定小麦产量及蛋白质含量高低的内在因素是基因型，而外在因素则为环境条件 (潘洁等，2005；赵春等，2005)。大量实验结果显示，不同播期会造成小麦生长发育的环境条件发生变化，从而使小麦生长发育过程中光合作用及营养物质的运输分配也随之发生变化，进而对小麦生长发育产生一定程度的影响 (王东等，2004；屈会娟等，2009；李宁等，2010；张甲元等，2011)。

有研究指出在暖冬气候下，无论小麦属于哪种品种 (半冬性或春性)，播期均不宜提前 (郜庆炉等，2002)。播期太早，气温偏高，小麦生长发育速度较快，越冬前幼穗发育程度偏高，且易遭受冻害；播期太晚，气温偏低，越冬前分蘖少，出苗不足，且小麦前期发育速度较慢，后期速度生长过快，单株平均分蘖较少 (Tino 等，2011)。随播期的推迟，小麦株高逐渐变矮 (刘锋和孙本普，2006)，各生育期叶龄递减 (杨春玲等，2009；杨吉福等，2013)。早播或晚播均不利于小麦生长发育，一般认为，适期播种小麦可以充分利用越冬前的光热资源，培育壮苗。

播期对小麦的产量因素影响较大，有研究表明，随着播期推迟，籽粒产量出现下滑趋势 (蒋纪芸等，1988)。小麦播期太晚，其生长所需的积温不足，幼苗发育不良，不仅有效穗数减少，而且对各产量构成因素均有不同程度负面影响 (朱统泉等，2006)。有研究认为，播期对产量 3 个构成因素影响均不显著，但对产量的影响显著 (胡焕焕等，2008)。

在一定范围内，小麦籽粒蛋白质含量随着播期推迟而提高 (范金萍等，2003)；在小麦品种遗传背景相同的条件下，籽粒麦谷蛋白在正常播期和晚播中积累动态表现一致，即从低到高，且花后为快速积累期；随着灌浆进程的推移，谷蛋白大聚合体 (GMP) 含量迅速下降，灌浆中期降至最低点；晚播对籽粒谷蛋白及 GMP 含量都有较大的影响 (蒋纪芸等，1988)。前人研究表明谷蛋白含量及 GMP 积累动态的差异是导致籽粒品质形成及稳定性的关键 (白志元等，2012)。

(二) 播量对小麦生长发育及产量与籽粒蛋白质含量的影响

关于播量对小麦生长发育的影响已有众多报道。不同播量致使小麦总体生长出现差异，从而影响小麦个体生长状况，进而对群体结构及产量形成造成极大的负向影响 (Villegas 等，2001)。

由于调整播量可以引起作物竞争资源，故播量是影响小麦分蘖的一个关键因素 (Counce 等，1992；Wu 等，1988)。随着播量的增加，小麦农艺性状发生不同程度变化，株高增加，总分蘖数、次生根数及单株绿叶数减少，且这些指标均存在显著性差异，而叶龄则无显著性差异 (梁志刚等，2007)。有研究发现，不同程度密度处理对籽粒灌浆底物的积累和运输均会造成影响，最终导致群体发育不良，从而影响产量 (王之杰等，2003）。

产量构成因素是小麦籽粒产量的主要因素。播量对产量的影响在一定范围内不显著（John 等，2004）。适当增大密度对弱筋小麦品质提高有利，但不利于产量（朱新开等，2003）；适播种植的小麦蛋白质含量和产量表现最佳（杨桂霞等，2010）。

播量对籽粒蛋白质的影响与产量有相反的趋势。试验结果显示蛋白质及氨基酸含量均会随着播量增大而降低（亢福仁，2003）。

（三）播期和播量对小麦生长发育及产量与籽粒蛋白质含量的影响

关于播期密度对小麦农艺性状影响的报道已很多，不同品种实现其高产的适当播期与密度有差别（李兰真等，2007；李素真等，2005）。调节播量可以影响群体数量和结构，缓解群体与个体之间的矛盾，从而充分利用光、热、水资源，提高干物质积累，达到高产的目的。不同播期内，随着播量的增大而株高增加，同一播量则随着播期的延迟而株高降低。同一播期且不同播量之间绿叶数没有显著差异。各生育期叶龄随播期的推迟而递减（杨吉福等，2013）。王珍珠等（2012）研究认为单株干物质积累量在小麦的生长发育过程中呈现不断增加的趋势，返青期前增长较为缓慢，拔节期后开始迅速增加。农作物光合作用产物的最高形式为干物质积累，其积累与产量有着密切关系（夏清等，2014），播期越迟，播量越大，单株干物质积累量就越少（张甜和钱海燕，2009）。

许多研究表明，播期和播量对小麦的产量及其构成因素均有显著影响（屈会娟等，2009；Ben-Hammouda 等，2009；Jaime 等，2004）。随着播期的推迟，群体的穗数减少，穗粒数增加，千粒重影响不大，且播量对小麦生长发育的影响小于播期（姜丽娜等，2011）。另有研究指出，播期和播量对籽粒产量及其构成因素的影响达显著性水平，播量对产量构成因素的影响大于播期；播期对穗数、穗粒数和产量的影响不大，对千粒重有显著影响；播量则反之。还有研究表明，在不同地区间，播期和密度对产量构成因素的影响不同。适当晚播条件下，适当降低密度有利于协调群体和个体关系，增加产量并提高品质（刘万代等，2009；马溶慧等，2004；徐恒永等，2001；屈会娟等，2009）。

播期和播量对小麦籽粒蛋白质含量的影响同样重要。小麦蛋白质组分含量及其比例直接影响小麦品质。蛋白质组分主要包括清蛋白、球蛋白、醇溶蛋白和麦谷蛋白。有研究表明小麦籽粒形成过程中，籽粒蛋白质含量呈"V"字形的变化趋势（Gooding 等，2002；蒋纪芸，1992；王月福等，2003），即呈现"V"字形趋势。另有研究发现籽粒中不同蛋白质组分的合成时间不同。小麦籽粒中清蛋白与球蛋白形成最早，随着灌浆进程推移，清蛋白含量逐渐下降；球蛋白含量则在整个发育过程中始终表现最低。麦谷蛋白在灌浆初期就逐渐形成，但含量增加较小或略带下降，从花后 15 d 其累积量几乎直线增加，直至灌浆结束；醇溶蛋白的形成则是在花后 15 d 起直到灌浆期截止（蒋纪芸，1992；邓志英等，2004）。到达成熟后，蛋白质组分含量表现为贮藏蛋白>结构蛋白，即麦谷蛋白>醇溶蛋白>清蛋白>球蛋白，主要是因为灌浆过程中结构蛋白优先形成（清蛋白、球蛋白），随后贮藏蛋白形成（醇溶蛋白、麦谷蛋白）。虽然蛋白质含量的变化总体趋势一致，但不同小麦品种之间同样存在一定的差异（张宝军等，1995）。谷蛋白大聚合体（GMP）是指谷蛋白聚合体中不溶于 0.5% 十二烷基硫酸钠（SDS）的部分。GMP 的含量反映了谷蛋白聚合体的粒度分布情况（Masc 等，1999），在 GMP 积累动态上，有研究认为谷蛋白积累量随着灌浆过程逐渐升高（严美玲等，2007；黄禹等，2007）；也有人认为在开花后 0~28 d，GMP 含量在较低水平上维持着相对稳定的积累速率，开花 28 d 后开始迅速积累（邓志英等，2004）。倪英丽（2010）用强筋小麦山农 12 为材料研究得出，花后 7~14 d GMP 含量上升，花后 14 d 达到最高峰，之后开始下降，28 d 后再上升。

八、氮肥对小麦生长发育与品质的影响

（一）氮肥运筹方式对冬小麦生长发育的影响

氮素营养要与小麦的生育需求相适应。研究表明，追氮可明显改善小麦孕穗期的光合生产水平，同时减小小麦叶子的气孔阻力，使植株内保持保护酶的活性，从而降低细胞膜脂过氧化水平，减缓小麦植株衰老进程，从而促进籽粒形成发育（赵亚南等，2017；吴晓丽等，2017；Blackshaw 等，2004；Pearman 等，1978）。追氮减缓了农田小麦群体的叶面积指数在生育后期的下降速率，同时可以维系较强的小麦籽粒灌浆速度，使得小麦灌浆过程时间较长，有利于产量的提升，能够延长旗叶的功能期（石祖梁等，2012；卜冬宁等，2012）。

研究表明，不同的氮肥形态对小麦个体发育的作用机制是不同的，不同气候和土壤条件对于冬小麦的生长作用也不尽相同。不同形态氮肥影响小麦田期生长和氮素积累，小麦喜好硝态氮营养，硝态氮肥可提高根系的可浴性糖和根冠比（扶艳艳，2012；薛延丰等，2014）。不同形态氮肥对小麦幼苗叶片含水率有影响，硝态氮肥处理叶片含水量高于铵态氮肥处理。不同形态氮肥处理的土壤酶活性不同（李娜等，2013；尹飞等，2009；王小纯等，2005）。

（二）氮肥运筹方式对冬小麦产量的影响

研究表明，传统粗放的施氮方式有很多需要改进的地方，等氮条件下，基肥∶返青肥为 5∶5 时小麦穗数、产量和氮素利用率最高（石玉等，2006；王曙光等，2005；贺明荣等，2005）。根据冬小麦不同生育时期吸收氮素的量实施氮肥后移技术是可行的，且后移氮肥能少用 30% 的氮肥。等氮条件（180 kg/hm^2）下，基肥∶拔节肥为 3∶7 处理的籽粒产量最大，同时收获指数显著高于其他处理（王小燕等，2010；魏凤珍等，2010）。

研究发现，氮肥能增加小穗结实率，提高穗数和穗粒数，提升了产量，但是减少了千粒重，以穗粒数对产量影响最大（高德荣等，2017）。与不施氮肥的对照比较，施用氮肥处理明显增加了小麦产量和籽粒蛋白质含量。适宜的施氮量（276 kg/hm^2）能够明显提高小麦的穗数、千粒重等产量组成因素，小麦产量比对照明显增加。尿素是一种酰

胺态氮肥，施用尿素的小麦蛋白质产量和氮素利用效率明显高于硝态氮肥和铵态氮肥处理的小麦。

（三）氮肥运筹方式对冬小麦品质的影响

氮素对于许多作物都有显著的增产效果。研究表明，生育后期追氮有利于灌浆进程的持续进行。氮肥后移可显著提高小麦籽粒蛋白质含量、谷醇比和淀粉含量，提升小麦品质（聂卫滔，2018；武继承等，2017），以及湿面筋含量、沉降值和硬度。后移氮肥能增加籽粒中的谷蛋白含量，改善小麦的加工品质。生育后期施用氮肥能够提高小麦籽粒的 GMP 含量（Wang 等，2011）。

研究表明，氮肥形态显著影响小麦花后干物质的积累分配，硝态氮肥处理的籽粒产量和生物产量均最高（王桂良等，2010；同延安等，2007；赵俊晔和于振文，2006；王小纯等，2005）。有学者研究指出，氮素形态对小麦激素的形态建成有相应的调节作用，不同形态的氮素在参与植物细胞能量转化过程中，对跨膜运输的膜系统有促进和抑制作用，这个过程中有多种酶参与，温度等外界环境因子对酶有影响，进而影响到氮素的跨膜运输。同时，铵态氮肥能够增加灌浆初期蛋白质的含量，施用尿素有利于后期蛋白质量的积累（Ayoub 等，1994；Visioli 等，2018）。

九、外源硒对小麦生长发育与品质的影响

除天然的富硒土壤不需要给小麦进行外源硒的供应外，绝大多数地区需要人为施外源硒肥来提高小麦中的硒元素浓度，这是一种短期而且有效的方法（Zhao 等，2009；Welch，2008）。小麦作为硒富集能力强的谷物，通过对其进行硒生物强化便可有效提高籽粒含硒量（Li 等，2008）。在严重缺硒地区，对小麦进行硒强化以提高籽粒硒含量是外源硒补给的有效措施之一，而且在缺硒土壤中增施硒肥还可使小麦品质得到同步提升（李韬和兰国防，2012）。不同硒肥施用方式会严重影响到小麦对硒的吸收积累与转运。小麦施硒的方法有土施、喷施和浸种 3 种（Wang 等，2017），这 3 种方法均可明显地增加小麦含硒量。土施使更多硒累积在根部；叶面喷施则更多地积累在地上部营养器官且是提高作物可食部分中硒元素吸收量最有效、最安全的方法；浸种方法的硒用量存在局限性，故增强硒的能力要相对弱一点。

在黑龙江省缺硒地区，叶面喷施 30 g/hm² 外源硒可以使小麦籽粒含硒量达到缺硒地区人们的补硒要求（罗胜国等，1999）。周勋波等（2002）研究推荐在缺硒地区施用亚硒酸钠 150~225 g/hm² 或硒酸钠 22.5~45 g/hm² 为宜。唐玉霞等（2010）对小麦籽粒进行硒肥浸种试验发现，用 0.1~2.5 mg/L 的亚硒酸钠溶液浸种，籽粒含硒量增加，但并未达到国家富硒谷物标准。李根林等（2009）研究表明，返青期和拔节期对小麦进行两次亚硒酸钠叶面喷施，小麦株高明显降低，穗数和穗粒数明显增加，且产量增加13.6%~15.2%。在灌浆期和孕穗期叶面喷施富硒营养液，小麦籽粒含硒量显著增加，小麦产量及其构成因素均有所提高，产量的增幅为 5.5%~12.3%，但随着喷施量的增加，产量出现降低趋势（史芹和高新楼，2011）。在小麦整个生育期，苗期小麦吸收硒

的量较多，但随着生育期的推进，小麦硒吸收量呈"V"字形变化趋势，且抽穗后小麦吸收硒的量是总吸收量的 70%，硒在小麦各器官中分布依次是籽实>叶片>根>颖壳>叶鞘>茎（黄群俊等，2015）。研究发现，春小麦经过硒肥处理后成熟期各器官中硒含量由小到大依次为根>叶>籽粒>茎，硒累积量大小依次为籽粒>茎>叶>根（张洋，2012）。也有学者发现小麦体内硒含量与其成熟度有关，即越成熟其体内硒含量越低（李韬和兰国防，2012）。刘庆等（2016）通过对小麦叶面喷施亚硒酸钠溶液，发现施硒对小麦籽粒产量和千粒重无明显影响，推荐于灌浆前期叶面喷施 150 g/hm^2 纯硒，籽粒硒含量可达到 3.1 mg/kg，提高了粗蛋白含量，同时促进了磷、铁、锰、锌 4 种元素的产生。另有研究发现，小麦对元素的吸收相互影响，锌、铁元素之间相互促进，但与硒相互拮抗（鲁璐等，2010）。提高小麦籽粒的硒含量，对于改善我国乃至世界各国人民的营养状况至关重要（Liu 等，2007）。

十、外源锌对小麦生长发育与品质的影响

锌作为人体和作物正常生长发育所必需的微量营养元素之一（Stein，2010），其缺乏对于人体和作物都会导致严重的健康问题（Cakmak，2008）。全世界约有 20% 的人口锌摄取量不足（Muller 等，2005），人们每日饮食中约 50% 的能量和 20%～25% 的锌是从小麦及其制品中获得的（Ma 等，2008；Shewry，2009），因此通过生物强化方法增加小麦籽粒中的锌含量是非常有必要的。为了保护发展中国家人类免受锌缺乏之害，要求小麦籽粒中的锌含量要达到 45 mg/kg，然而，目前小麦籽粒中的锌含量在 20～35 mg/kg（Yong 等，2010），低于生物强化目标值，其原因之一是大部分小麦在缺锌土壤（0.5～1.0 mg/kg）上栽培（Kutman 等，2010），另一原因是基因型的差异，现代品种较传统品种中的锌含量要低（Fan 等，2008）。由于这些原因，须研究如何在高品质小麦中增加锌的含量，这将帮助我国人民降低锌缺乏带来的风险。

彩粒小麦被认为是一类新型小麦品种，其蛋白质、氨基酸、膳食纤维、矿物质和维生素含量相比于普通小麦更为丰富（Li，2006；唐晓珍，2008；Zhu，2018）。农艺强化（如肥料应用）是短期内改善小麦中微量养分必不可少的方法（刘铮，1994；Evenson，2003；Asare-Marfo 等，2013）。常见的锌农艺强化手段一般包括土壤施锌、叶面喷锌和浸种 3 种方式。施用锌肥可以在短期内有效提高作物籽粒锌的含量和有效性（Cakmak，2008；Sadeghzadeh 和 Rengel，2011）。研究发现叶喷锌肥可提高籽粒锌含量，且在小麦生长后期喷施锌肥效果更好。增加锌肥施用量可以促进小麦的萌发和生长，增加作物的产量（郝明德等，2003；赵兴宝和王玉芳，2004）。在缺锌土壤中小麦产量很低，不同的补施锌肥措施均可以显著提高其产量（李孟华等，2013；Liu 等，2017）。然而在陕西关中地区的试验结果却表明，土施或叶喷锌肥均不会显著影响小麦产量，但可以不同程度地提高小麦籽粒锌含量（李秀丽等，2011；杨习文等，2010）。国春慧等（2015）的试验表明施锌可增加小麦籽粒和秸秆锌含量。

参考文献

卜冬宁, 李瑞奇, 张晓, 等, 2012. 氮肥基追比和追氮时期对超高产冬小麦生育及产量形成的影响 [J]. 河北农业大学学报, 35 (4): 6-12.

曹广才, 强小林, 吴东兵, 等, 2004. 西藏小麦品种和引进品种在拉萨种植的品质比较 [J]. 生态学杂志 (3): 30-33.

查如璧, 国淑惠, 赵中民, 等, 1995. 我国硬粒小麦品值性状及质量分级标准研究 [J]. 中国农业科学, 28 (2): 8-14.

陈淑萍, 王雪征, 茜晓哲, 等, 2009. 小麦品质性状评价与改良途径 [J]. 河北农业科学, 13 (5): 45-47.

陈志成, 范璐, 朱永义, 2003. 小麦脱皮前后结构特性的分析 [J]. 中国粮油学报 (2): 25-28.

程敦公, 王红日, 李豪圣, 等, 2014. CIMMYT 小麦种质在山东麦区产量和品质性状评价及利用 [J]. 山东农业科学, 46 (2): 17-22, 2.

楚炎沛, 2003. 物性测试仪在食品品质评价中的应用研究 [J]. 粮食与饲料工业 (7): 40-42.

崔凤娟, 穆培源, 相吉山, 等, 2014. 新疆小麦品种资源淀粉糊化特性研究 [J]. 新疆农业科学, 51 (1): 8-14.

崔力勃, 任明见, 陈军卫, 等, 2004. 贵紫系列小麦加工品质分析及应用评价 [J]. 安徽农业科学, 42 (32): 11498-11501.

党斌, 张国强, 罗勤贵, 2006. 黑小麦加工品质性状分析及开发利用 [J]. 粮食加工 (4): 27-29.

邓志英, 田纪春, 刘现鹏, 2004. 不同高分子量谷蛋白亚基组合的小麦籽粒蛋白组分及其谷蛋白大聚合体的积累规律 [J]. 作物学报, 30 (5): 481-486.

范金萍, 张伯桥, 吕国锋, 等, 2003. 播期对小麦主要品质性状及面团粉质参数的影响 [J]. 江苏农业科学 (2): 10-12.

冯新胜, 王克林, 2005. 面包专用粉试验方法的研究 [J]. 粮食与饲料工业 (8): 9-11.

扶艳艳, 2012. 氮素形态对小麦产量及氮肥利用率的影响 [D]. 洛阳: 河南科技大学.

高德荣, 宋归华, 张晓, 等, 2017. 弱筋小麦扬麦 13 品质对氮肥响应的稳定性分析 [J]. 中国农业科学, 50 (21): 4100-4106.

高建伟, 刘建中, 李滨, 等, 2000. 蓝粒小麦籽粒糊粉层色素研究初报 [J]. 西北植物学报 (6): 936-941, 1114.

高志强, 苗果园, 邓志锋, 2004. 全球气候变化与冬麦北移研究 [J]. 中国农业科技导报, 6 (1): 9-13.

高志强，苗果园，张国红，等，2003. 北移冬小麦生长发育及产量构成因素分析 ［J］. 中国农业科学，2003（1）：31-36.

郜庆炉，薛香，梁云娟，等，2002. 暖冬气候条件下调整小麦播种期的研究 ［J］. 麦类作物学报，22（2）：46-50.

顾雅贤，2005. 面团的形成时间和稳定时间对面包制作的影响 ［J］. 粮油仓储科技通讯（6）：46-47.

国春慧，赵爱青，陈艳龙，等，2015. 锌肥种类和施用方式对小麦生育期内土壤不同形态 Zn 含量的影响 ［J］. 西北农林科技大学学报（自然科学版），43（7）：185-191，200.

郝明德，魏孝荣，党廷辉，2003. 旱地小麦长期施用锌肥的增产作用及土壤效应 ［J］. 植物营养与肥料学报（3）：377-380.

何一哲，宁军芬，2003. 高铁锌小麦特异新种质"秦黑 1 号"的营养成分分析 ［J］. 西北农林科技大学学报（自然科学版）（3）：87-90.

贺明荣，杨雯玉，王晓英，等，2005. 不同氮肥运筹模式对冬小麦籽粒产量品质和氮肥利用率的影响 ［J］. 作物学报（8）：1047-1051.

贺文强，苗果园，张永清，等，2006. 山西省小麦品质区划研究 ［J］. 山西师范大学学报，20（2）：82-83.

胡焕焕，刘丽平，李瑞奇，等，2008. 播种期和密度对冬小麦品种河农 822 产量形成的影响 ［J］. 麦类作物学报，28（3）：490-495.

黄群俊，汪盛松，郑威，等，2015. 小麦富硒研究进展 ［J］. 绿色科技（12）：73-76.

黄禹，晏本菊，任正隆. 不同品种小麦籽粒蛋白质组分及谷蛋白大聚合体的积累规律 ［J］. 西南农业学报，2007，20（4）：591-595.

姜丽娜，赵艳岭，邵云，等，2011. 播期播量对豫中小麦生长发育及产量的影响 ［J］. 河南农业科学，40（5）：42-46.

姜小苓，董娜，丁位华，等，2014. 小麦品种面粉白度的变异及其影响因素分析 ［J］. 麦类作物学报，34（1）：126-131.

蒋纪芸，1992. 小麦籽粒蛋白质积累规律的初步研究 ［J］. 西北农业大学学报，20（3）：59-63.

蒋纪芸，阎世理，潘世禄，等，1988. 品种栽培条件对旱地小麦产量及品质的影响 ［J］. 北京农学报，3（2）：149-157.

金善宝，1996. 中国小麦学 ［M］. 北京：中国农业出版社.

亢福仁，2003. 不同栽培条件对籽粒产量和品质的影响 ［J］. 榆林学院学报，13（3）：31-35.

兰静，傅宾孝，ASSEFAW E，等，2010. 面粉品质与饺子品质性状间关系的研究 ［J］. 中国农业科学，43（6）：1204-1211.

李昌文，刘延奇，王章存，2008. 小麦品质与面包品质关系研究进展 [J]. 粮食与饲料工业（3）：4-5.

李根林，高红梅，2009. 喷施亚硒酸钠对小麦产量的影响 [J]. 中国农学通报，25（18）：253-255.

李桂玉，许秀峰，2004. 影响速冻水饺冻裂率因素分析及改进措施 [J]. 食品科技（3）：46-47.

李兰真，汤景华，汤新海，等，2007. 不同类型小麦品种播期播量研究 [J]. 河南农业科学（11）：38-41.

李孟华，王朝辉，王建伟，等，2013. 低锌旱地施锌方式对小麦产量和锌利用的影响 [J]. 植物营养与肥料学报，19（6）：1346-1355.

李梦琴，雷娜，张剑，等，2008. 饺子专用粉的品质性状研究 [J]. 河南农业大学学报，42（6）：663-681.

李娜，王朝辉，苗艳芳，等，2013. 氮素形态对小麦的增产效果及干物质积累的影响 [J]. 河南农业科学，42（6）：73-76.

李宁，段留生，李建民，等，2010. 播期与密度组合对不同穗型小麦品种花后旗叶光合特性、籽粒库容能力及产量的影响 [J]. 麦类作物学报，30（2）：296-302.

李素真，周爱莲，王霖，等，2005. 播期播量对不同类型超级小麦产量因子的影响 [J]. 山东农业科学（5）：12-15.

李韬，兰国防，2012. 植物硒代谢机理及其以小麦为载体进行补硒的策略 [J]. 麦类作物学报，32（1）：173-177.

李鲜花，刘永华，刘辉，等，2014. 我国黄淮冬麦区小麦品种与美国冬小麦品种的遗传多样性比较 [J]. 麦类作物学报，34（6）：751-757.

李杏普，兰素缺，刘玉平，2003. 蓝、紫粒小麦籽粒色素及其相关生理生化特性的研究 [J]. 作物学报（1）：157-158.

李秀丽，曹玉贤，田霄鸿，等，2011. 施锌方法对小麦籽粒不同脱皮组分中锌与植酸及蛋白质分布的影响 [J]. 西北农林科技大学学报（自然科学版），39（8）：81-89.

李艳丽，鲁敏，麻姗姗，等，2014. 67 份美国小麦种质资源的 HMW-GS 组成与品质分析 [J]. 植物遗传资源学报，15（1）：18-23，31.

梁运香，韩龙，赵海英，等，2011. 近 50 年晋中市气候变化及对农作物的影响 [J]. 山西农业大学学报（自然科学版），31（4）：354-359.

梁志刚，王娟玲，崔欢虎，等，2007. 冬前高温和播期密度对小麦苗期个体及群体生长的影响 [J]. 中国农学通报，23（8）：185-189.

刘锋，孙本普，2006. 栽培条件对小麦植株高度的影响 [J]. 安徽农学通报，12（3）：37-39.

刘惠芳，张名位，池建伟，等，1999. 黑色食品新资源河东乌麦营养成分的评价

[J]. 中国粮油学报（2）：3-5.

刘庆，田侠，史衍玺，2016. 施硒对小麦籽粒硒富集、转化及蛋白质与矿质元素含量的影响 [J]. 作物学报，42（5）：778-783.

刘万代，陈现永，尹钧，等，2009. 播期和密度对冬小麦豫麦 49-198 群体性状和产量的影响 [J]. 麦类作物学报，29（3）：464-469.

刘新月，姚先玲，裴磊，等，2012. 山西省小麦品种产量及品质性状分析 [J]. 农学学报，2（5）：5-10，61.

刘易科，佟汉文，朱展望，等，2014. 湖北省大田小麦品质性状分析 [J]. 华中农业大学学报，33（1）：137-140.

刘玉平，权书月，李杏普，等，2002. 蓝、紫粒小麦蛋白质含量、氨基酸组成及其品质评价 [J]. 华北农学报，17（S1）：103-109.

刘铮，1994. 我国土壤中锌含量的分布规律 [J]. 中国农业科学（1）：30-37.

鲁璐，季英苗，李莉蓉，等，2010. 不同地区、不同品种（系）小麦锌、铁和硒含量分析 [J]. 应用与环境生物学报，16（5）：646-649.

路辉丽，尹成华，郝令军，等，2012. 2011 年我国黄淮麦区强筋小麦品质状况研究 [J]. 粮食加工，37（3）：5-9.

罗盛国，徐宁彤，刘云英，1999. 叶面喷硒提高粮食中的硒含量 [J]. 东北农业大学学报，30（1）：18-22.

马东，2008. 彩色小麦品质性状及色素积累规律研究 [D]. 晋中：山西农业大学.

马溶慧，朱云集，郭天财，等，2004. 国麦 1 号播期播量对群体发育及产量的影响 [J]. 山东农业科学（4）：12-15.

马淑梅，张睿，孙岩，等，2014. 俄罗斯远东及黑龙江省春小麦种质资源的遗传多样性 [J]. 植物学报，49（2）：150-160.

孟庆树，2006. 种子处理、播期和压麦对冬小麦分蘖成穗及产量的影响 [J]. 河北农业科学，10（1）：60-61.

倪英丽，王振林，李文阳，等，2010. 磷肥对小麦籽粒 HMW-GS 积累及 GMP 粒度分布的影响 [J]. 作物学报，36（6）：1055-1060.

聂卫滔，2018. 氮肥运筹对不同小麦品种产量及品质的影响 [D]. 杨凌：西北农林科技大学.

潘洁，姜东，戴廷波，等，2005. 不同生态环境与播种期下小麦籽粒品质变异规律的研究 [J]. 植物生态学报，29（3）：467-473.

裴自友，温辉芹，王晋，2009. 山西中部小麦育种现状与思考 [J]. 中国农业科技导报，11（S2）：13-17.

彭义峰，刘彦军，班进福，2011. 面包总评分与质构分析（TPA）相关性的探讨 [J]. 农业机械（5）：119-123.

屈会娟，李金才，沈学善，等，2009. 种植密度和播期对冬小麦品种兰考矮早八干物质和氮素积累与转运的影响 [J]. 作物学报, 35 (1): 124-131.

石玉, 于振文, 王东, 等, 2006. 施氮量和底追比例对小麦氮素吸收转运及产量的影响 [J]. 作物学报 (12): 1860-1866.

石祖梁, 顾克军, 杨四军, 2012. 氮肥运筹对稻茬小麦干物质、氮素转运及氮素平衡的影响 [J]. 麦类作物学报, 32 (6): 1128-1133.

时玉晴, 苏东民, 陈志成, 2014. 彩色小麦品质性状及其开发应用 [J]. 粮食与油脂, 11 (21): 1-4.

史芹, 高新楼, 2011. 不同时期喷施富硒液对小麦籽粒硒含量及产量的影响 [J]. 山地农业生物学报, 30 (6): 562-564.

苏东民, 齐兵建, 赵仁勇, 等, 2000. 漯珍一号黑小麦营养成分的初步评价 [J]. 粮食与饲料工业 (8): 1-2.

孙群, 孙宝启, 王建华, 2004. 黑粒小麦籽粒色素性质的研究 [J]. 种子, 6: 18-23.

唐晓珍, 2008. 彩粒小麦营养加工品质与色素研究 [D]. 泰安: 山东农业大学.

唐晓珍, 王征, 张宪省, 等, 2009. 泰安红、黑粒小麦品系品质营养比较 [J]. 中国粮油学报, 24 (4): 28-31.

唐玉霞, 王慧敏, 吕英华, 等, 2010. 硒肥浸种对小麦生长发育及产量和籽粒含硒量的影响 [J]. 麦类作物学报, 30 (4): 731-734.

陶海腾, 齐琳娟, 王步军, 2011. 不同省份小麦粉面团流变学特性的分析 [J]. 中国粮油学报, 26 (11): 5-8.

陶永清, 廖尔华, 杨世民. 攀西地区小麦不同播种方式和不同密度的配合效应研究 [J]. 耕作与栽培, 1998 (4): 16-18.

田纪春, 邓志英, 牟林辉, 2006. 作物分子设计育种与超级小麦新品种选育 [J]. 山东农业科学 (5): 30-32.

田奇卓, 于振文, 潘庆民, 等, 1998. 冬小麦超高产栽培群体个体发展动态指标的研究 [J]. 作物学报, 24 (6): 859-864.

田志芳, 石磊, 孟婷婷, 等, 2014. 活性小麦面筋对燕麦全粉面条品质的影响 [J]. 核农学报, 28 (7): 1214-1218.

同延安, 赵营, 赵护兵, 等, 2007. 施氮量对冬小麦氮素吸收、转运及产量的影响 [J]. 植物营养与肥料学报 (1): 64-69.

汪建来, 孔令聪, 汪芝寿, 等, 2003. 播期播量对皖麦 44 产量和品质的影响 [J]. 安徽农业科学, 31 (6): 949-950.

王宝青, 2014. 67 种资源麦类在晋中地区的农艺性状和品质性状研究 [D]. 晋中: 山西农业大学.

王东伟, 梁玮, 2003. 高级饺子粉的生产与指标控制 [J]. 粮食与食品工业 (1): 11-12.

王东，于振文，贾效成 . 播期对优质强筋冬小麦籽粒产量和品质的影响［J］. 山东农业科学，2004（2）：25-26.

王光瑞，周桂英，王瑞，1997. 焙烤品质与面团形成和稳定时间相关分析［J］. 中国粮油学报，12（3）：1-6.

王桂良，叶优良，李欢欢，等，2010. 施氮量对不同基因型小麦产量和干物质累积的影响［J］. 麦类作物学报，30（1）：116-122.

王立新，2004. 黑小麦加工品质特性的研究［J］. 哈尔滨商业大学学报，5（20）：593-596.

王丽芳，王德轩，上官周平，2012. 大穗小麦品系产量与主要农业性状的相关性及通径分析［J］. 麦类作物学报，32（3）：435-439.

王曙光，许轲，戴其根，等，2005. 氮肥运筹对太湖麦区弱筋小麦宁麦 9 号产量与品质的影响［J］. 麦类作物学报（5）：65-68.

王夏，胡新，孙忠富，等，2011. 不同播期和播量对小麦群体性状和产量的影响［J］. 中国农学通报，27（21）：170-176.

王宪国，张钰玉，白升升，等，2014. 宁夏小麦黄色素含量相关基因的组成与分布［J］. 麦类作物学报，34（1）：8-12.

王小纯，熊淑萍，马新明，等，2005. 不同形态氮素对专用型小麦花后氮代谢关键酶活性及籽粒蛋白质含量的影响［J］. 生态学报（4）：802-807.

王小燕，沈永龙，高春宝，等，2010. 氮肥后移对江汉平原小麦籽粒产量及氮肥偏生产力的影响［J］. 麦类作物学报，30（5）：896-899.

王月福，姜东，于振文，等，2003. 氮素水平对小麦籽粒产量和蛋白质含量的影响及其生理基础［J］. 中国农业科学，36（5）：513-520.

王珍珠，2012. 高产小麦干物质及氮素积累的品种差异研究［D］. 新乡：河南师范大学.

王之杰，郭天财，朱云集，等，2003. 超高产小麦冠层光辐射特征的研究［J］. 西北植物学报，23（10）：1657-1662.

卫云宗，张定一，刘新月，等，2000. 冬小麦不同品种类型生长动态分析［J］. 麦类作物学报，20（4）：59-62.

魏凤珍，李金才，王成雨，等，2010. 氮肥运筹模式对冬小麦氮素吸收利用的影响［J］. 麦类作物学报，30（1）：123-128.

温海军，2003. 珍稀黑小麦新品种——亚洲 1 号［J］. 吉林农业（1）：27.

吴宏亚，张伯桥，汪尊杰，等，2014. 长江中下游冬麦区小麦品种主要性状的遗传多样性分析［J］. 江苏农业科学，42（5）：67-72.

吴九林，彭长青，林昌明，2005. 播种期和播种密度对弱筋小麦产量与品质影响的研究［J］. 江苏农业科学（3）：36-38.

吴晓丽，李朝苏，汤永禄，等，2017. 氮肥运筹对小麦产量、氮素利用效率和光能

利用率的影响 [J]. 应用生态学报, 28 (6)：1889-1898.

武继承, 杨永辉, 郑惠玲, 等, 2017. 测墒补灌与氮肥运筹对小麦品种水分利用的影响 [J]. 华北农学报, 32 (3)：188-195.

夏清, 吴慧娟, 杨珍平, 等, 2014. 垄上覆膜对旱地小麦灌浆期干物质累积运转的影响 [J]. 山西农业大学学报 (自然科学版), 34 (2)：103-108.

谢尚春, 郝艳玲, 杨林, 等, 2009. "川麦号" 系列小麦农艺性状和品质性状相关分析 [J]. 安徽农业科学, 37 (34)：16792-16795.

徐恒永, 赵振东, 刘建军, 等, 2001. 群体调控对济南 17 号小麦产量性状的影响 [J]. 山东农业科学 (1)：7-9.

薛春生, 张耀文, 2001. 黑小麦酱油的研制和生产 [J]. 山西农业科学 (4)：76.

薛延丰, 汪敬恒, 李恒, 2014. 不同氮素形态对小麦体内氮磷钾分布及群体结构和产量的影响 [J]. 西南农业学报, 27 (6)：2444-2448.

严美玲, 蔡瑞国, 贾秀领, 等, 2007. 不同灌溉处理对小麦蛋白组分和面团流变学特性的影响 [J]. 作物学报, 33 (2)：337-340.

杨春玲, 李晓亮, 冯小涛, 等, 2009. 不同类型冬小麦品种播期及播量对叶龄及产量构成因素的影响 [J]. 山东农业科学 (6)：32-34.

杨桂霞, 赵广才, 许轲, 等, 2010. 播期和密度对冬小麦籽粒产量和营养品质及生理指标的影响 [J]. 麦类作物学报, 30 (4)：687-692.

杨吉福, 刁立功, 赵海涛, 等, 2013. 播期播量对胶东小麦植株性状及产量的影响 [J]. 作物杂志, 3：93-95.

杨纪红, 李文德, 褚西宁, 等, 2001. 营养保健型黑粒小麦酱油的研制 [J]. 中国酿造 (2)：31-32.

杨丽雯, 张永清, 张定一, 等, 2010. 山西省小麦生产的现状问题与对策分析 [J]. 麦类作物学报, 30 (6)：1154-1159.

杨铭铎, 孙兆远, 2006. 面粉品质性状与速冻水饺品质关系的研究 [J]. 农产品加工学刊 (5)：4-7, 13.

杨习文, 田霄鸿, 陆欣春, 等, 2010. 喷施锌肥对小麦籽粒锌铁铜锰营养的影响 [J]. 干旱地区农业研究 (6)：95-102.

杨珍平, 张爱芝, 周乃健, 等, 2009. 山西小麦 "纬海" 气候区划与瓦尔特气候图的分析应用 [J]. 麦类作物学报, 29 (2)：335-340.

杨珍平, 周乃健, 苗果园, 2002. 晋中晚熟冬麦区小麦高产群体结构的产量分析 [J]. 麦类作物学报 (1)：63-66.

阴卫军, 刘霞, 倪大鹏, 等, 2005. 播期对优质小麦籽粒灌浆特性及产量构成的影响 [J]. 山东农业科学 (5)：17-18.

尹成华, 王亚平, 路辉丽, 等, 2012. 小麦品质指标与面团流变学特性指标的相关性分析 [J]. 河南工业大学学报 (自然科学版), 33 (4)：41-44.

尹飞，陈明灿，刘君瑞，2009. 氮素形态对小麦花后干物质积累与分配的影响 [J]. 中国农学通报，25（13）：78-81.

余杰，郭慧敏，陈美珍，2002. 河东乌麦色素提取及其理化性质的研究 [J]. 食品与发酵工业（11）：12-16.

余松烈，1987. 冬小麦精播高产栽培 [M]. 北京：农业出版社：5-23.

余泽高，覃章景，李力，等，2003. 不同播期生长发育特性及若干性状的研究 [J]. 湖北农业科学（5）：24-26.

曾浙荣，李英蝉，孙芳华，等，1994. 37个小麦品种面包烘烤品质的评价和聚类分析 [J]. 作物学报，20（6）：641-652.

张宝军，蒋纪云，1995. 小偃6号小麦籽粒蛋白质组分含量形成动态规律及其氮素调节效应的研究 [J]. 国外农学·麦类作物（5）：47-49.

张保军，田海霞，海江波，等，2002. 面条专用小麦生长发育和产量及品质的密度效应研究 [J]. 西北农业学报，11（3）：29-32.

张定一，卫云宗，王石宝，2006. 山西省小麦研究现状及展望 [J]. 小麦研究，27（2）：1-8.

张定一，张永清，闫翠萍，等，2009. 基因型、播期和密度对不同成穗型小麦籽粒产量和灌浆特性的影响 [J]. 应用与环境生物学报，15（1）：28-34.

张桂英，张国权，罗勤贵，等，2010. 陕西关中小麦品质性状的因子及聚类分析 [J]. 麦类作物学报，30（3）：548-554.

张国权，罗勤贵，欧阳韶晖，等，2005. 饺子专用粉的淀粉品质特性分析 [J]. 粮食加工（3）：8-10.

张甲元，周苏玫，尹钧，等，2011. 适期晚播对弱春性小麦籽粒灌浆期光合性能的影响 [J]. 麦类作物学报，31（3）：535-539.

张剑，李梦琴，任红涛，等，2006. 小麦品质性状影响速冻饺子品质的通径分析 [J]. 河南科技大学学报，27（6）：47-50.

张立生，温辉芹，程天灵，等，2004. 山西省优质小麦生产现状与展望 [J]. 山西农业科学，32（3）：8-12.

张立生，温辉芹，程天灵，等，2010. 山西省小麦生态区划研究 [J]. 中国生态农业学报，18（2）：410-415.

张甜，钱海艳，2009. 播期播量对徐麦99群体动态、干物质积累和籽粒产量的影响 [J]. 安徽农学通报，15（24）：62-64.

张洋，2012. 喷施硒、锌肥对不同品种春小麦产量及硒吸收积累特性的影响 [J]. 南方农业学报，43（5）：626-629.

张志诚，欧阳华，孙江华，等，2004. 黄淮冬麦区早、晚熟冬小麦品种生长发育特性的研究 [J]. 中国生态农业学报（2）：85-88.

赵春，宁堂原，焦念元，等，2005. 基因型与环境对小麦籽粒蛋白质和淀粉品质的

影响 [J]. 应用生态学报, 16 (7)：1257-1260.

赵俊晔, 于振文, 2006. 高产条件下施氮量对冬小麦氮素吸收分配利用的影响 [J]. 作物学报 (4)：484-490.

赵莉, 汪建来, 赵竹, 等, 2006. 我国冬小麦品种（系）主要品质性状的表现及其相关性 [J]. 麦类作物学报, 26 (3)：87-91.

赵乃新, 王乐凯, 程爱华, 等, 2003. 面包烘焙品质与小麦品质性状的相关性 [J]. 麦类作物学报, 23 (3)：33-36.

赵廷珍, 1994. 小麦产量形成的栽培技术原理 [M]. 北京：北京农业大学出版社.

赵新, 王步军, 2008. 面包质量与面包小麦品质指标关系的分析 [J]. 麦类作物学报 (5)：780-785.

赵兴宝, 王玉芳, 2004. 鲁南地区玉米施用锌肥的效果研究 [J]. 甘肃农业科技 (2)：39-41.

赵亚南, 宿敏敏, 吕阳, 等, 2017. 减量施肥下小麦产量、肥料利用率和土壤养分平衡 [J]. 植物营养与肥料学报, 23 (4)：864-873.

周勋波, 吴海燕, 洪延生, 等, 2002. 作物施硒研究进展 [J]. 中国农业科技导报 (6)：45-50.

朱俊晨, 翟迪升, 2004. 速冻饺子品质改良工艺的研究 [J]. 食品科学, 3 (25)：208-210.

朱统泉, 袁永刚, 曹建成, 等, 2006. 不同施氮方式对强筋小麦群体产量和品质的影响 [J]. 麦类作物学报, 26 (1)：50-52.

朱新开, 郭文善, 周君良, 2003. 氮素对不同类型专用小麦营养和加工品质调控效应 [J]. 中国农业科学, 36 (6)：640-645.

ASARE-MARFO D, BIROL E, GONZALEZ C, et al., 2013. Prioritizing countries for biofortification interventions using country-level data [J]. International Food Policy Research Institute (IFPRI).

AYOUB M, GUERTIN S, FREGEAUREID J, et al., 1994. Nitrogen fertilizer effect on breadmaking quality of hard red spring wheat in eastern canada [J]. Crop Science, 34 (5)：1346-1352.

BEN-HAMMOUDA M, M'HEDHBI K, ABIDI L, et al., 2009. Conservation agriculture based on direct sowing [M] //The Future of Dry lands. LEE C, SCHAAF T. Dordrecht：Springer：647-657.

CAKMAK I, 2008. Enrichment of cereal grains with zinc：Agronomic or genetic biofortification? [J]. Plant & Soil, 302 (1-2)：1-17.

COUNCE P A, WELLS B R, GRAVOIS K A, 1992. Yield and harvest index responses to preflood nitrogen fertilization at low rice plant populations [J]. Prod. Agric., 5：492-497.

DESAI R M, BHATIA C R, 1978. Nitrogen uptake and nitrogen harvest index in durum wheat cultivars varying in their grain protein concentration [J]. Euphytica, 27 (2): 561-566.

EVENSON R E, 2003. Assessing the impact of the green revolution, 1960 to 2000 [J]. Science, 300 (5620): 758-762.

FAN M S, ZHAO F J, FAIRWEATHER – TAIT S J, et al., 2008. Evidence of decreasing mineral density in wheat grain over the last 160 years [J]. Journal of Trace Elements in Medicine & Biology Organ of the Society for Minerals & TraceElements, 22 (4): 315-324.

GOODING M J, PINYOSINWAT A, ELLIS R H, 2002. Responses of wheat grain yield and quality to seed rate [J]. Journal of Agricultural Science, 138 (3): 317-331.

JAIME L, JOSE P, M, JAVIER V, et al., 2004. Seeding rate influence on yield and yield components of irrigated winter wheat in a Mediterranean climate [J]. Agronomy Journal, 96: 1258-1265.

JOHN E, MITCHELL P, ANAIDA B, 2004. Bi–phasic growth patterns in rice [J]. Annals of Botany, 94 (6): 811-817.

KUTMAN U B, YILDIZ B, OZTURK L, et al., 2010. Biofortification of durum wheat with zinc through soil and foliar applications of nitrogen [J]. Cereal Chemistry, 87 (1): 1-9.

LALOUX R FAFISSE A, POELAERT J, et al., 1980. The treatment method of *R. Laloux* for cereal cultivation [R], Giessen: Gesellschaft fuer pflanzenbauwissenschaften, 3-12.

LI H F, MCGRATH S P, ZHAO F J, 2008. Selenium uptake, translocation and speciation in wheat supplied with selenate or selenite [J]. New Phytologist, 178 (1): 92-102.

LI Q L, 2006. The produce and consumption of wheat and wheat flour in China [J]. Flour Milling, 5: 9-14.

LIU D, LIU Y, WEI Z, et al., 2017. Agronomic approach of zinc biofortification can increase zinc bioavailability in wheat flour and thereby reduce zinc deficiency in humans [J]. Nutrients, 9 (5): 465.

LIU Z H, WANG H Y, WANG X E, et al., 2007. Phytase activity, phytate, iron, and zinc contents in wheat pearling fractions and their variation across production locations [J]. Journal of Cereal Science, 45 (3): 319-326.

MA G, JIN Y, LI Y, et al., 2008. Iron and zinc deficiencies in China: What is a feasible and cost-effective strategy? [J]. Public Health Nutrition, 11 (6): 632-638.

MASC S, EGOROV T A, RONCHI C, et al., 1999. Evidence for the presence of only one cysteine residue in the D-type low molecular weight subunits of wheat subunits of wheat glutenin [J]. Journal of Cereal Science, 29: 17-25.

MULLER O, KRAWINKEL M, 2005. Malnutrition and health in developing coun-tries [J]. Canadian Medical Association Journal, 173 (3): 279-286.

NAIR M, 1999. A sweeter pill to swallow [J]. Chem. Brit., 35: 16.

PEARMAN I, THOMAS S M, THORNE G N, 1978. Effects of nitrogen fertilizer on the distribution of photosynthate during grain growth of spring wheat [J]. Annals of Botany, 42 (1): 91-99.

ROBERT E B, LOUIS J M, et al., 2004. Nitrogen fertilizer timing and application meth-od affect weed growth and competition with spring wheat [J]. Weed Science, 52 (4).

SADEGHZADEH B, RENGEL Z, 2011. Zinc in Soils and Crop Nutrition [M]. New Jersey: Wiley-Blackwell.

SHEWRY P R, 2009. Wheat [J]. Journal of Experimental Botany, 60 (6): 1537-1553.

STEIN A J, 2010. Global impacts of human mineral malnutrition [J]. Water, Air, and Soil Pollution, 212 (1-4): 133-154.

TINO D, RIM B, JILLIAN W, et al., 2011. Plasticity of winter wheat modulated by so-wing date, plant population density and nitrogen fertilization: Dimensions and size of leaf blades, sheaths and internodes in relation to their position on a stem [J]. Field Crops Research, 121 (1): 116-124.

VILLEGAS D, APARICIO N, BLANCO R, et al., 2001. Biomass accumulation and main stem elongation of durum wheat grown under mediterranean conditions [J]. Annals of Botany, 88 (4): 617-627.

VISIOLI G, BONAS U, CORTIVO C D, et al., 2018. Variations in yield and gluten proteins in durum wheat varieties under late-season foliar vs. soil application of nitrogen fertilizer in a northern Mediterranean environment [J]. J. Sci. Food Agric., 98: 2360-2369.

WANG S, LI M, LIU K, et al., 2017. Effects of Zn, macronutrients, and their inter-actions through foliar applications on winter wheat grain nutritional quality [J]. PloS one, 12 (7): e0181276.

WANG X N, WU S Y, FU L S, et al., 2011. Effect of nitrogen fertilizer treatment on growth stage of spring wheat kernels per spike [J]. Journal of Northeast Agricultural University, 42 (4): 32-35.

WELCH R M, 2008. Linkages between trace elements in food crops and human health [M] //Micronutrient Deficiencies in Global Crop Production.

WU G, WILSON L T, MCCLUNG A M, 1988. Contribution of rice tillers to dry matter accumulation and yield [J]. Agron. J., 90: 865-870.

YONG Z, SONG Q, YAN J, et al., 2010. Mineral element concentrations in grains of Chinese wheat cultivars [J]. Euphytica, 174 (3): 303-313.

ZEVEN A C, 1991. Wheats with purple and blue grains: A review [J]. Euphytica, 56 (3): 243-258.

ZHAO F J, MCGRATH S P, 2009. Biofortification and phytoremediation [J]. Current opinion in plant biology, 12 (3): 373-380.

ZHENG T S, 2004. Studies on application of texture analyzer to the quality evaluation of dough and bread [J]. Food Science, 25 (10): 37-40.

ZHU F, 2018. Anthocyanins in cereals: Composition and health effects [J]. Food Research International, 109: 232-249.

第二章

研究内容、指标测定、数据处理与统计分析方法

第一节 研究内容

一、舜麦 1718 和中麦 175 在晋中晚熟冬麦区的生育特性及产量与品质性状

（一）试验地概况

试验于 2009—2010 年在山西省太谷县（今太谷区）北关村进行。前茬作物为玉米，收获后秸秆覆盖还田，还田过程中未施氮肥。试验点海拔 767~900 m，属暖温带大陆性气候，四季分明，年均降水量 450 mm，年平均气温 10 ℃，无霜期 160~190 d。试验田为平川水地，土壤类型为褐土，土质为砂壤土，一年种植一茬。

（二）试验材料

舜麦 1718 由运城市棉花科学研究所提供。舜麦 1718 是山西省农业科学院棉花研究所选育的一个高产、稳产、广适、优质小麦新品种，生长发育前期缓慢、中期稳定、后期较快；抗春霜冻害，矮秆抗倒，成穗力极强，穗数多，品质评价值 60 分。广泛适应黄淮麦区生态条件，节水、稳高产；HMW-GS（1，17+18，5+10）三优合一，1BIR 易位抗叶病。该品种 2007 年参加山西省南部高水肥组区试平均产量 7478.7 kg/hm²。2008 年，经国家小麦改良中心/扬州分中心/江苏里下河地区农业科学研究所小麦室测定，籽粒水分含量 14.3%，蛋白质含量 13.1%，湿面筋含量 32.65%，吸水率 65.9%，形成时间 7.3 min，稳定时间 10.3 min，SDS 沉淀值 12 mL。

中麦 175 由中国农业科学院作物科学研究所提供。中麦 175 是由中国农业科学院作物科学研究所采用系谱法选育的新品种（原代号：CA0175），其系谱号为 CA95W92-1-2-0-5。2007 年 5 月通过北京市品种审定委员会审定，审定号为 2007001。该品种为冬性，幼苗半匍匐，抗寒性好，分蘖力强，起身后生长快，叶片直立，株型紧凑，株高 75~80 cm，茎秆健壮，抗倒性好。长芒、白壳、白粒。成穗数 675 万穗/hm² 左右，穗

粒数 28~34 粒，千粒重 40~42 g，容重 800 g/L 左右。灌浆速度快，落黄好，中早熟。中麦 175 籽粒蛋白质含量 13.5% 左右，其面粉适宜做优质面条。连续两年测试，籽粒锌含量超过 40 mg/kg，营养价值高。中麦 175 高抗条锈病，中抗白粉病。

（三）实施方案

2009 年 9 月 28 日采用机械化条播，行距 20 cm，播种密度 600 万/hm² 基本苗。采用完全随机区组设计，每个品种重复 3 次，共 6 个小区，小区面积 0.022 hm²，共计播种面积 0.133 hm²。按照常规方式浇水施肥。出苗后，每个小区设 0.66 m² 固定样段 3 个，以调查群体茎蘖动态及成熟期收获测产。

二、黄淮和长江中下游冬麦区优质冬小麦品种在晋中麦区的生育特性及产量与品质性状

（一）试验地概况

试验在山西省晋中市太谷县山西农业大学试验田进行。试验田土壤肥力中等，土质中壤土。在 0~40 cm 耕层土壤中，有机质含量为 12.6~13.9 g/kg，全氮含量为 1.80~1.98 g/kg，全磷含量为 770~320 mg/kg，速效氮含量为 53.6 mg/kg，速效磷含量为 9.625 mg/kg，速效钾含量为 135 mg/kg。

（二）试验材料

供试材料为引自扬州大学的 9 个小麦品种，分别是黄淮冬麦区育成品种烟农 19、宁麦 9 号、淮麦 18，以及长江中下游冬麦区育成品种宁麦 13、镇麦 168、皖麦 33、扬辐麦 2 号、扬辐麦 4 号、扬麦 15。其中，烟农 19 和宁麦 9 号为冬性中晚熟品种；淮麦 18 为半冬性多穗型中熟品种；其余皆为春性中熟品种。另外，镇麦 168 和烟农 19 为优质强筋小麦，皖麦 33 为优质面包型小麦，淮麦 18 为优质蒸煮类中筋小麦，扬麦 15 为优质弱筋小麦，宁麦 9 号、宁麦 13、扬辐麦 2 号和扬辐麦 4 号基本符合弱筋小麦标准（Ji 和 Zhao，2011；Dong，2000；Zhao 等，2005；Zhu 等，2005；Zhang，2003）。

从原产地的产量结构看，烟农 19 穗数、穗粒数和千粒重分别为 600 万穗/hm²、34.5 粒和 36.4 g；宁麦 9 号分别为 525 万穗/hm²、36.5 粒和 36.3 g；淮麦 18 分别为 600 万穗/hm²、34 粒和 40 g；宁麦 13 分别为 495 万穗/hm²、37 粒和 32.6 g；镇麦 168 分别为 495 万穗/hm²、35 粒和 40.4 g；皖麦 33 分别为 560 万穗/hm²、38 粒和 39 g；扬辐麦 2 号分别为 420 万穗/hm²、33 粒和 40 g；扬辐麦 4 号分别为 450 万穗/hm²、40.7 粒和 40.7 g；扬麦 15 分别为 450 万穗/hm²、36 粒和 42 g。

在原产地，淮麦 18、宁麦 13、皖麦 33、扬麦 15 株高在 80 cm 左右；烟农 19、宁麦 9 号、镇麦 168、扬辐麦 4 号株高在 85 cm 左右；仅扬辐麦 2 号株高达 90 cm 以上。烟农 19 叶片上冲，分蘖力强；淮麦 18 分蘖力、抗寒力均较强；皖麦 33 分蘖大，成穗率高，叶片直立，抗倒伏能力较强；宁麦 9 号春季返青起身较早，发育快，分蘖力中等，成穗率高，抗旱、抗寒性强；宁麦 13、镇麦 168 分蘖力中等；扬辐麦 2 号、扬辐麦 4 号

及扬麦 15 叶片宽长，但分蘖力中等，成穗数略低于其他品种。

烟农 19 和淮麦 18 在原产地的适宜播期为 10 月上旬，适宜基本苗为 180 万~225 万株/hm²。宁麦 9 号适宜播期为 9 月下旬至 10 月上旬，适宜基本苗为 420 万~450 万株/hm²。其余 6 个品种适宜播期为 10 月下旬至 11 月上旬，适宜基本苗为 225 万~270 万株/hm²。

秋播试验以山西农业大学育成品种山农 129（冬性多穗型中筋小麦）为对照品种。试验前对各品种的籽粒初始品质进行测定。

（三）实施方案

试验设秋播和春播两个播种期，其中，秋播小麦于 2010 年 9 月 28 日播种，人工开沟点播；春播小麦于 2011 年 2 月 28 日顶凌播种，人工开沟点播。秋季播种小麦前，试验地全部按照常规耕地施肥（复合肥 600 kg/hm²，N：P_2O_5：K_2O=18%：22%：5%）、浇水。供试品种（秋播 10 个，春播 9 个）随机区组排列，每个品种播种 4 行，行长 1.5 m，行距 20 cm，种植密度 $5.25×10^6$ 株/hm²，重复 3 次。齐苗后，每个重复内的每个品种均固定 2 个行长 1.1 m 的样段（0.22 m²），用于成熟期测产考种。

三、山西小麦品种在晋中麦区的生育特性及产量与品质性状

（一）试验地概况

试验于 2010—2011 年在山西农业大学试验田进行。气候及土壤条件同前文。

（二）试验材料

供试材料为 10 个山西小麦品种资源，分别为山西省农业科学院棉花科学研究所选育的晋麦 54 和晋麦 61，山西省农业科学院小麦科学研究所选育的晋麦 72（临抗 5 号）、晋麦 73（临抗 1 号）和晋麦 79（临旱 51241），山西省农业科学院谷子科学研究所选育的长麦 4649、长麦 8302、长麦 6359、长麦 6686 和长麦 6135。以山西农业大学育成品种山农 129 作为对照。

（三）实施方案

试验采用随机区组设计，小区面积为 110 cm×60 cm，行长 110 cm，行距 20 cm，每个品种重复 3 次。按常规播种，于小麦播种前翻地、施肥（复合肥 600 kg/hm²，N：P_2O_5：K_2O=18%：22%：5%）和浇水。于 2010 年 9 月 25 日采用人工开沟点播，种植密度 450 万株/hm²。待小麦出苗后，观察小麦出苗情况。在小麦拔节期和孕穗期追施 225 kg/hm² 尿素，促进小麦的生长并提高小麦成穗率。

四、黄淮麦区优质小麦品种在晋中麦区晚播的产量与品质性状

（一）试验地概况

试验在山西省晋中市太谷县山西农业大学农学院实验农场进行。气候及土壤条件同前文。

（二）试验材料

供试材料为 6 个黄淮麦区引进小麦品种，分别是引自河南省国家小麦工程中心的豫

农 416（半冬性多穗型中熟品种，强筋、白粒）、豫麦 34（弱春性大穗早熟品种，优质强筋、白粒）、豫麦 70（半冬性中熟品种，中筋、白粒）、豫麦 18（弱春性早熟品种，中筋、红粒），山西省农业科学院棉花科学研究所的舜麦紫秆和舜麦 1718D（半冬性中早熟品种，强筋、白粒）。以山西农业大学育成品种山农 129（冬性多穗型品种，强筋、红粒）为对照品种。试验前对引进的 6 个小麦品种分别测定了原品种的品质指标。

（三）实施方案

按照常规播前旋耕施肥（复合肥 600 kg/hm²，N：P₂O₅：K₂O＝18%：22%：5%）、浇水。2010 年 10 月 15 日播种。试验设 3 个重复，每个重复内的 7 个品种随机区组排列，每个品种 10 行，行长 200 cm，行距 20 cm，种植密度 600 万株/hm² 基本苗。3 月 30 日喷施除草剂，4 月 9 日（起身期）、5 月 7 日（孕穗期）分别追施肥水（每次追施尿素量 225 kg/hm²）。出苗后，每个重复内的每个品种均固定 3 个样段（0.66 m²），用于成熟期测产考种。

五、彩色小麦品种在晋中麦区的产量与品质性状

（一）试验地概况

试验于 2011—2012 年小麦生长季节在山西农业大学试验田进行。气候及土壤条件同前文。

（二）试验材料

10 个彩色籽粒品种，分别是晋麦 13（抗倒伏品种，中筋、红粒，适应高水肥平地种植）、晋麦 67（强冬性、抗冻性强、耐寒性好，高蛋白质、强筋、质量较好、红粒，能磨制强力粉，适合烤制面包及制作优质面条）、晋麦 84 号（半冬性中熟品种，红粒）、黑小麦 031244（黑粒）、202W22（黑粒）、201W22（紫黑粒）、204W17（黑粒）、203W2（黑粒）、农大 3753（紫粒）。对照为山农 129（冬性多穗型品种，面筋强度大、红粒）。

（三）实施方案

试验采用完全随机区组设计，小区面积 0.022 hm²，行距 20 cm，各个品种重复 3 次。根据历年耕种经验，在小麦播种前深施基肥、浇水。2011 年 9 月 25 日采用人工开沟点播，播种密度 600 万株/hm² 基本苗，播种面积 0.175 hm²。小麦出苗后，每个品种设 3 个 0.66 m² 的固定样段，成熟期用于测产考种。

六、加拿大硬麦在晋麦区的产量与品质性状

（一）试验地概况

本试验于山西农业大学实验田进行。气候及土壤条件同前文。

（二）试验材料

本试验所用加拿大硬麦品种包括硬粒 1 号、硬粒 2 号、硬粒 3 号、硬粒 4 号、硬粒 5 号、硬粒 6 号、硬粒 7 号、硬粒 8 号、硬粒 9 号、硬粒 10 号、硬粒 11 号、硬粒 13

号、硬粒 14 号、硬粒 15 号、硬粒 16 号和硬粒 17 号，对照为山农 129。

（三）实施方案

对照山农 129 于 2010 年 9 月 30 日播种。硬粒小麦于 2011 年 3 月 18 日播种。试验为随机区组设计，设 3 个重复，每个品种种植 10 行，种植行长为 200 cm，行距 20 cm，种植密度为 600 株/hm² 基本苗。硬粒小麦于 5 月 10 日喷施除草剂，5 月 18 日（起身期）、6 月 20 日（孕穗期）分别追肥（每次追施尿素量 225 kg/hm²）。出苗后，每个品种均固定 3 个样段（0.66 m²）作标记，用于成熟期测定产量以及考种。

七、33 个小麦品种资源的籽粒品质与面团质构

（一）试验地概况

试验在山西农业大学试验田进行。气候及土壤条件同前文。

（二）试验材料

33 个小麦品种资源，分别为河南省国家小麦工程中心培育的豫麦 34（优质强筋小麦），扬州大学农学院提供的烟农 19（优质强筋小麦），山西省农业科学院棉花科学研究所培育的舜麦 1718D（优质强筋小麦）、舜麦紫秆、晋麦 84 和黑芒麦，山西省农业科学院谷子研究所选育的长麦 6135、长 4738、长 6359、长 6878，以及由该所提供的晋太 0705、太原 2005、中麦 175、烟 2070、静冬 0331、漯麦 9922，山西农业大学小麦育种研究室提供的临旱 234、临旱 538、晋麦 79（临旱 51241）、运旱 20410、临汾 10 号、晋麦 13、晋麦 54、晋麦 67、临远 991、临优 6148、晋中 838、农大 3338、农大 92-101、9152、兰考 1 号，以及山西农业大学育成品种山农 129 和品系 040358。

（三）实施方案

按照常规播前旋耕施肥（复合肥 600 kg/hm²，N∶P₂O₅∶K₂O＝18%∶22%∶5%）、浇水。2010 年和 2011 年连续两年 9 月 25 日播种。试验设 3 个重复，每个重复内的 33 个品种随机区组排列，每个品种 10 行，行长 200 cm，行距 20 cm，种植密度 450 万株/hm² 基本苗。春季返青期喷施除草剂，起身期、孕穗期分别追肥（每次追施尿素量 225 kg/hm²）、灌水。成熟后收获籽粒，分别进行籽粒品质及面团质构分析。

八、39 个小麦品种面包质构及色差评价

（一）试验地概况

试验于 2010/2011 年和 2011/2012 年连续两个小麦生长年度在山西农业大学试验田进行。气候及土壤条件同前文。

（二）试验材料

供试 39 个小麦品种分别来自黄淮冬麦区、北部冬麦区及北部晚熟冬麦区（表 2-1）。其中豫麦 34 为河南郑州育成的优质专用面包小麦，在原生产地的品质指标为蛋白质含量 15.41%，湿面筋 32.1%，沉降值 55.1 mL，吸水率 62.6%，面团形成时间 8.1 min，稳定时间 10.3 min；晋麦 67 是山西太原育成的优质专用面包小麦，在原生

产地的品质指标为粗蛋白（干基）含量 16.74%，湿面筋含量 42.0%，沉降值 43.8 mL，面团形成时间 4.7 min，面团稳定时间 11.1 min。本试验将以豫麦 34 和晋麦 67 两个面包小麦品种作为评比参照。

表 2-1　供试 39 个小麦品种

来源	品种
黄淮冬麦区	豫麦 34、豫麦 70、烟农 19、淮麦 18、舜麦 1718D、黑芒麦、201W22、晋麦 54、运 C105、运旱 2129、临旱 7061、晋麦 72（临抗 5 号）、晋麦 79（临旱 51241）、临汾 10 号、临选 2039、平阳穗 1 号
北部冬麦区	中麦 175、CA0547、CA0548、046097、农大 3338、京冬 17、陇育 4 号、静冬 0331（静麦 3 号）、陇鉴 102、陇鉴 9450、沧 2007-H12、乐亭 639
北部晚熟冬麦区	晋麦 67、长 4738、长麦 6135、晋太 0702、太原 2005、太麦 8003、太麦 13907、晋中 838、晋农 128、040358、抗碱麦

（三）实施方案

试验设 3 个重复，每个重复内的 39 个品种随机区组排列，每个品种 10 行，行长 200 cm，行距 20 cm，种植密度 450 万株/hm² 基本苗。春季返青期喷施除草剂，起身期、孕穗期分别追施肥水（每次追施尿素量 225 kg/hm²）。成熟后，分别于 2011 年 7 月及 2012 年 7 月收获籽粒，进行面包质构及籽粒品质分析。

九、播期与播量对晋中麦区小麦产量与籽粒蛋白质含量的影响

（一）试验地概况

本试验于 2014—2015 年在山西农业大学农学院的试验田进行，气候及土壤条件同前文。

（二）试验材料

供试小麦品种为黑芒麦、CA0547、山农 129。

（三）实施方案

采用二因素裂区设计，主区设 3 个播期：2014 年 10 月 3 日（A1）、2014 年 10 月 8 日（A2）、2014 年 10 月 13 日（A3）；裂区设 3 个播量：150 kg/hm²（B1）、225 kg/hm²（B2）、300 kg/hm²（B3）。重复 3 次，每个重复内的 3 个播量随机区组排列，每个播量 9 行，于播种前基施氮磷钾复合肥（N：P_2O_5：K_2O = 15%：15%：15%），行长 810 cm，行距 20 cm，常规管理。

十、晚播条件下播期与播量对小麦籽粒灌浆特性的影响

（一）试验地概况

试验于 2013—2015 年在山西农业大学试验田进行，气候及土壤条件同前文。

（二）试验材料

供试强筋小麦资源品种为 CA0547。

（三）实施方案

试验采用二因素裂区设计，主区设 3 个播期：10 月 3 日（A1）、10 月 8 日（A2）、10 月 13 日（A3）；裂区设 3 个播量：150 kg/hm²（B1）、225 kg/hm²（B2）、300 kg/hm²（B3）。重复 3 次，每个重复内的 3 个播量随机区组排列，每个播量 9 行，于播种前基施氮磷钾复合肥（N：P₂O₅：K₂O＝15%：15%：15%），行长 810 cm，行距 20 cm，常规管理。全生育期浇 3 次水：越冬水、拔节水和灌浆水。收获期分别为 2014 年 6 月 25 日和 2015 年 6 月 23 日。两年趋势一致，重点分析 2014/2015 年度。

十一、种肥减量对冬小麦农艺性状、植株氮磷含量及籽粒灌浆特性的影响

（一）试验地概况

本试验于 2014—2015 年在山西农业大学试验田进行，气候及土壤条件同前文。

（二）试验材料

山农 129，山西农业大学育成品种。品种特性：冬性，高蛋白质含量（15%左右），中筋（31%左右），重穗型（千粒重 44~50 g）；株高 70~80 cm，株型紧凑，叶片宽厚，分蘖整齐，成穗率高，穗容量大，穗纺锤形，长芒，红粒。适合山西中部晚熟冬麦区。

（三）实施方案

试验设 3 个种肥减量处理，分别为 F1（150 kg/hm²）、F2（225 kg/hm²）、F3（300 kg/hm²），当地种肥施用量为 750 kg/hm²。2014 年 10 月 8 日用小型条播机按照上述试验设计同时播种小麦并施氮磷钾复合肥。肥料行距 20 cm，施肥深度 5 cm，每个肥料处理 12 行，行长 15 m；相邻两个肥料行之间播种小麦，即肥料与种子错行间隔，每个肥料处理播种小麦 12 行，深度 5 cm，行长 15 m，播种量 225 kg/hm²。重复 3 次，共计 9 个小区，每个小区面积 36 m²（15 m×12 行×0.2 m）。整个生育期间，田间管理措施按当地高产要求进行。

十二、不同形态氮肥及其用量对强筋小麦氮素转运、产量和品质的影响

（一）试验地概况

试验于 2016—2017 年在山西农业大学试验田进行，气候及土壤条件同前文。

（二）试验材料

供试小麦品种为 CA0547。

（三）实施方案

试验采用二因素裂区设计，以氮肥形态为主区，设硝态氮（复合肥料，N：P₂O₅：K₂O＝30%：14%：7%）、铵态氮（硫酸铵，N＞20.5%）、酰铵态氮（尿素，N＞46.4%）3 个水平，以氮肥用量为副区，设低氮（75 kg/hm²）、中氮（150 kg/hm²）和高氮（225 kg/hm²）3 个水平。每个小区磷肥用量（P₂O₅ 16%）和钾肥用量（K₂O 52%）相同，均为 105 kg/hm² 和 75 kg/hm²。每个小区面积 30 m²，种植密度

225 万株/hm² 基本苗，行距 20 cm，重复 3 次，共计 27 个小区，常规管理。

十三、氮肥后移对强筋小麦氮素积累转运及籽粒产量与品质的影响

（一）试验地概况

试验于 2016—2017 年在山西农业大学试验田进行，气候及土壤条件同前文。

（二）试验材料

供试小麦品种为 CA0547。

（三）实施方案

按照常规，播前旋耕施氮磷钾配合肥，氮肥为硫酸铵（N≥20.5%），将氮肥均匀撒入小区，同时每个小区施用纯磷肥（P_2O_5 16%）105 kg/hm²、纯钾肥（K_2O 52%）75 kg/hm²。氮肥施用包括基肥和追肥 2 种方式，追肥又分为拔节期 1 次追肥和拔节期与孕穗期 2 次追肥。磷钾肥全部底施。共设 7 个处理（表 2-2）。每个处理播种面积 30 m²，种植密度 225 万株/hm²，行距 20 cm，重复 3 次。共计 21 个小区。于小麦越冬期（2016 年 12 月 20 日）和拔节期（2017 年 4 月 13 日）灌溉，每次灌水量均为 50 mm，常规管理。

表 2-2　各处理氮肥施用量

（单位：kg/hm²）

施肥比例	基施氮肥量	拔节期施氮量	孕穗期施氮量	总施氮量
10：0：0	150	0	0	150
7：3：0	105	45	0	150
7：2：1	105	30	15	150
6：4：0	90	60	0	150
6：2：2	90	30	30	150
5：5：0	75	75	0	150
5：3：2	75	45	30	150

注：施肥比例为氮肥基施、拔节期追施和孕穗期追施的比例。

十四、施硒肥对强筋小麦产量、硒累积分配及品质的影响

（一）试验地概况

试验于 2017—2018 年在山西省晋中市太谷区申奉村试验田进行（北纬 37°42′，东经 112°58′）。试验点海拔 767～900 m，属暖温带大陆性气候，四季分明，年均降水量 450 mm，年平均气温 10 ℃，无霜期 160～190 d。试验田为平川水地，土壤类型为褐土，土质为砂壤土，一年种植 1 茬。试验田 0～20 cm 耕层土壤基础理化性质及测定方法见表 2-3。

表 2-3　试验点 0~20 cm 耕层土壤基础肥力及测定方法

指标	含量	测定方法
有机质（g/kg）	17.27	重铬酸钾容量法—外加热法
全氮（g/kg）	1.38	重铬酸钾—硫酸消化法
速效磷（mg/kg）	5.21	$NaHCO_3$ 浸提—钼锑抗比色法
速效钾（mg/kg）	89.54	火焰光度法
碱解氮（mg/kg）	49.24	碱解扩散法
总硒（mg/kg）	0.50	ICP-MS

（二）试验材料

供试小麦品种：CA0547，冬性，强筋（粗蛋白质 14.89%，湿面筋 32.22%），白粒，由中国农业科学院作物科学研究所育成。

供试硒肥：①有机富硒肥（黑色粉末，载体成分有机质≥45%；Se^{4+}，总硒含量 50 mg/kg）；②水溶性硒肥（Se^{4+}，总硒含量 10 mg/mL）。太原市志达顺复合肥高科技有限公司提供。

（三）实施方案

采用二因素裂区设计，主区为小麦播种前土壤基施有机富硒肥，施硒量设 0 g/hm²（S0）、15 g/hm²（S15）、30 g/hm²（S30）、45 g/hm²（S45）4 个水平；副区为开花期叶面喷施水溶性硒肥，施硒量设 0 g/hm²（F0）、15 g/hm²（F）2 个水平，共 8 个处理，重复 3 次，合计小区 24 个，小区面积 56 m²（7 m×8 m），随机排列。2017 年 10 月 23 日播种，行距 20 cm，播种量为 225 kg/hm²。根据试验设计，播种前撒施有机富硒肥，然后翻耕；开花期用手持压缩喷雾器均匀叶面喷施水溶性硒肥，兑水量为 750 L/hm²，对照组 F0 喷施同体积蒸馏水。其他田间管理措施（如灌溉、除草）按常规进行。于 2018 年 6 月 20 日收获。

小麦成熟期，按照三点法取样，每个小区随机收获 15 株，以强筋小麦植株为中心，15 cm 为半径将整个植株连同土壤从 0~20 cm 土层中取出。除去杂物后，自然风干。然后将植株分为根、茎+叶、颖壳+穗轴和籽粒四部分，将其中的前三部分分别用自来水仔细地清洗以去除土壤和其他杂质，然后用去离子水快速冲洗 3 次，于鼓风干燥箱中 105 ℃杀青 30 min，80 ℃烘干至恒重，称量，得到各部分干物质量，计算总生物量。再将上述各器官及晒干的籽粒分别用粉碎机（前者用 FZ102 型，上海；后者用 HCP100 型，浙江）粉碎，过 0.15 mm 筛于塑料自封袋中保存，待测总硒含量及籽粒其他营养品质，包括蛋白质、淀粉及糖含量。

小麦收获时，每个小区人工收获 1.1 m×3 行强筋小麦，装入纱网袋中，做好标记，带回实验室，晾干后脱粒、称重，计算籽粒产量。

十五、叶面喷施锌肥对紫粒小麦产量及品质的影响

（一）试验地概况

试验于 2016—2017 年在山西农业大学试验田进行。试验点海拔 767～900 m，属暖温带大陆性气候，年均降水量 450 mm，四季分明，年平均气温 10 ℃，无霜期 160～190 d。试验田为平川水地，一年种植 1 茬。供试土壤类型为褐土，土质砂壤土，0～20 cm 耕层土壤基本理化性质如表 2-4 所示。

表 2-4 试验点土壤基础肥力

指标	含量	方法
有机质（g/kg）	12.61	重铬酸钾容量法—外加热法
全氮（g/kg）	1.83	重铬酸钾—硫酸消化法
速效磷（mg/kg）	9.67	$NaHCO_3$ 浸提—钼锑抗比色法
速效钾（mg/kg）	137.51	火焰光度法
碱解氮（mg/kg）	53.62	碱解扩散法
DTPA-Zn（mg/kg）	1.38（中等缺锌）	原子吸收光谱法
总锌（mg/kg）	71.27	ICP-MS

（二）试验材料

供试小麦品种：山农 129（冬性，强筋，红粒）、山农紫小麦（冬性，强筋，紫粒），均由山西农业大学育成。

供试锌肥：七水硫酸锌（天津市北辰方正试剂厂）。

（三）实施方案

采用二因素裂区设计，主区为品种，设山农紫小麦（紫粒）、山农 129（红粒）2 个品种；副区喷施 $ZnSO_4 \cdot 7H_2O$，设 0 mg/kg（Zn0）、10 mg/kg（Zn10）、20 mg/kg（Zn20）、30 mg/kg（Zn30）、40 mg/kg（Zn40）5 个施锌水平，共 10 个处理，重复 3 次，小区面积 4 m²（2 m×2 m），随机排列。于 2016 年 9 月 30 日播种，行距 20 cm，播种量为 225 kg/hm²。开花期用手持压缩喷雾器对倒二叶以上进行均匀喷雾，兑水量为 750 L/hm²，对照组（Zn0）喷洒同体积蒸馏水。播种前施氮磷钾复合肥 750 kg/hm²（N：P_2O_5：K_2O=18%：22%：5%）为基肥。其他田间管理措施（如灌溉、除草）按常规进行。2017 年 6 月 16 日收获。

小麦成熟后，每个小区人工收获 1.1 m×3 行，风干后考种，记录穗数、穗粒数和千粒重等产量构成要素。取 50 g 籽粒用去离子水冲洗 3 次晾干至恒重。用粉碎机（HCP100 型，浙江）粉碎，过 0.15 mm 筛于塑料自封袋保存备用，以防污染。粉碎的全麦粉用于总锌、蛋白质及其组分、面筋、可溶性糖和蔗糖等指标的测定。

第二节　指标测定方法

一、各时期单株农艺性状的测定

分别于返青期、拔节期、孕穗期、抽穗期在每个小区取 10 株苗，测定其株高、总分蘖数、绿叶数、次生根数、主茎叶龄、倒二叶长宽和单株干重；再于开花期、灌浆初期在每个小区取 10 个单茎测定其倒二叶长宽，参照马守臣等（2012）的方法计算叶面积。

二、各时期群体动态的调查

于三叶期进行样段选取，每个样段选定长势均匀且具有代表性的区域定点 1.1 m×3 行，行距 20 cm，作为观测点，于返青期、拔节期、抽穗期进行群体总茎数的调查。

三、各时期干物质累积动态调查

分别于以上几个时期测定干物质积累动态。返青期、拔节期、孕穗期及抽穗期每个小区取样 10 株，开花后每个小区取样 10 个单茎，仅取地上部分，放于烘箱中 105 ℃ 杀青 15 min 后，再降至 80 ℃ 恒温烘干至恒重，称其干重。

四、植株含氮量、含磷量测定

分别将返青期、拔节期、孕穗期、抽穗期、开花期、灌浆期各小区的植株样本的地上部分 105 ℃ 杀青（DGG-9123A 型电热恒温鼓风干燥箱，上海森信实验仪器有限公司），80 ℃ 烘干，粉碎（FZ102 型高速粉碎机，天津泰斯特），采用 $H_2SO_4-H_2O_2$ 法消煮（KDN-04 型消煮炉，四川汇巨仪器设备有限公司），靛酚蓝比色法（721G 型分光光度计，上海圣科仪器设备有限公司）测定植株全氮含量，钼锑抗比色法测定植株全磷含量。

各指标计算方法如下：

氮素积累量（kg/hm^2）＝干物质量（kg/hm^2）×含氮率（%）

花前氮素转运量（kg/hm^2）＝开花期植株氮素积累量（kg/hm^2）－成熟期营养器官氮素积累量（kg/hm^2）

花后氮素积累量（kg/hm^2）＝成熟期植株氮素积累量（kg/hm^2）－开花期植株氮素积累量（kg/hm^2）

花前氮素转运率（%）＝花前氮素运转量（kg/hm^2）/开花期氮素积累量（kg/hm^2）×100

花前氮素转运对籽粒氮素贡献率（%）＝花前氮素转运量量（kg/hm^2）/籽粒氮素

积累量（kg/hm²）×100

花后氮素积累对籽粒氮素贡献率（%）=花后氮素积累量（kg/hm²）/籽粒氮素积累量（kg/hm²）×100

花前干物质转运量（kg/hm²）=开花期植株干物质积累量（kg/hm²）−成熟期营养器官干物质积累量（kg/hm²）

花后干物质积累量（kg/hm²）=成熟期植株干物质积累量（kg/hm²）−开花期植株干物质积累量（kg/hm²）

干物质转运率（%）=花前干物质转运量（kg/hm²）/开花期植株干物质积累量（kg/hm²）×100

花前转运（或花后积累）干物质对籽粒贡献率（%）=花前干物质转运量（或花后干物质积累量）（kg/hm²）/籽粒产量（kg/hm²）×100

氮素吸收效率（NUPE）（kg/kg）=植株氮素积累量（kg/hm²）/施氮量（kg/hm²）

氮素生产效率（NPE）（kg/kg）=籽粒产量（kg/hm²）/施氮量（kg/hm²）

五、籽粒灌浆特性分析

每小区选取 100 穗扬花期一致的主茎穗挂牌标记，从扬花后第五天开始每隔 5 d 取样一次，每次取 20 穗，脱粒，计数，后将籽粒 105 ℃杀青，80 ℃烘干至恒质量，并称质量。

采用韩占江等（2008）的方法，用 Logistic 方程拟合小麦籽粒生长动态，即 $Y=K/(1+ae^{-bt})$，其中，以花后天数（t）为自变量，千粒重（Y）为因变量，K 为拟合最大千粒重，a、b 为待定系数，由方程的一阶导数和二阶导数推导出一系列次级灌浆参数。R_{max} 为最大灌浆速率；T_{max} 为灌浆速率达到最大时的时间；R 为整个灌浆过程的平均灌浆速率；T 为整个灌浆过程持续天数；R_1、R_2、R_3 分别表示灌浆渐增期、快增期、缓增期的灌浆速率；T_1、T_2、T_3 分别表示灌浆渐增期、快增期、缓增期的持续天数。

六、成熟期考种及产量测定

收获后，用样段计产。每个小区取 3 个样段，每个样段 0.66 m²。将收获后的样段植株自然风干晾晒约 15 d（完成生理后熟），测定穗数、穗粒数、穗粒重、千粒重、总粒重等。

七、籽粒蛋白质及其组分含量

总蛋白质含量的测定：准确称取面粉 0.25 g 置于消化管中，加入 5 mL 浓硫酸过夜，次日用过氧化氢消化（消化至透明取下），冷却，定容，摇匀。取 1 mL 消化液加入 1 mL EDTA−甲基红，用氢氧化钠滴定至黄色，然后依次加入 5 mL 酚溶液及 5 mL 次氯酸钠溶液，待溶液变为蓝色时定容摇匀，比色。测得结果为籽粒含氮率，含氮率×

5.7 即为总蛋白质含量。

采用连续提取法（邓妙和魏益民，1989）进行蛋白质组分测定。

清蛋白含量的测定：取少许粉碎样品于离心管中，加水振荡，离心，取上清液于消化管中，向离心管内加水，振荡离心，重复以上操作3次，将3次上清液全部倒入消化管中。具体测定方法同前文总蛋白质含量的测定方法。

球蛋白含量的测定：提取液残渣加氯化钠。具体测定方法同前文总蛋白质含量的测定方法。

醇溶蛋白含量的测定：残渣加乙醇，振荡，混合液放于80℃水中，不停搅拌。具体测定方法同前文总蛋白质含量的测定方法。

谷蛋白含量的测定：残渣加氢氧化钠。具体测定方法同前文总蛋白质含量的测定方法。

蛋白质产量计算方法如下：

蛋白质产量（kg/hm^2）=蛋白质含量（%）×单位面积籽粒产量（kg/hm^2）

八、籽粒淀粉及糖含量指标测定

用双波长法（金玉红等，2009）测定淀粉以及直链淀粉、支链淀粉含量；可溶性糖和蔗糖用蒽酮比色法测定（刘海英等，2013）；将籽粒晒干，采用瑞典Perten公司生产的DA7200型品质分析仪测定湿面筋含量和面筋指数。

九、籽粒硒、锌含量测定

准确称取过100目筛的面粉0.1 g（精确至0.001 g）置于消化管中，然后加入10 mL混酸（8 mL硝酸+2 mL过氧化氢），盖上消化管盖子冷消化过夜（土样、根冷消化时间可以适当延长）。次日将消化管放于消化炉上加热，如果发现消解不完全要及时补加硝酸。当溶液变为清亮无色且剩余体积为2 mL左右，即可取下。冷却后转移至10 mL容量瓶中，用去离子水定容，混匀，然后用0.22 nm滤膜过滤于离心管中待测。同时做试剂空白试验。采用电感耦合等离子体离子发射光谱法（ICP-MS）测定。

相关参数及计算方法如下：

籽粒锌累积量（mg/hm^2）=单位面积籽粒产量（kg/hm^2）×籽粒锌含量（mg/kg）

籽粒锌利用率（%）=喷锌处理籽粒锌累积量（g/hm^2）-不喷锌处理籽粒锌累积量（g/hm^2）/喷锌量（g/hm^2）×100

蛋白质产量（kg/hm^2）=蛋白质含量（%）×单位面积籽粒产量（kg/hm^2）

十、面粉面筋含量测定

称取10 g面粉于培养皿中，加入适量的2%氯化钠，将其揉成面团，再将面团放在2%氯化钠溶液中洗涤成面筋（同时做2次重复），将两块面筋分别放在面筋指数仪（DA7200型，瑞典）指数盒中（3000 r/min），离心2 min，测定湿面筋含量和面筋指数。

十一、面包质构测定

采用 TPA（Texture Profile Analysis）质构分析法。将供试小麦籽粒磨成面粉（HCP-100 高速多功能粉碎机，浙江省永康市金穗机械制造厂），过 100 目筛，然后送交面包房，按照面粉 500 g、白砂糖 100 g、酵母 5 g、奶粉 20 g、全鸡蛋 40 g、食盐 5 g、无水酥油 40 g、改良剂 2 g、水 300 g，用和面机将面揉好，再做成 70 g 大小的圆球形面团，每个品种重复 6 次，在温度 38 ℃、湿度 75% 的条件下醒发 2.5 h，烘烤。记录烘烤后的面包高度、直径，用色差仪测定其色泽亮度（L^* 值）、色泽红度（a^* 值）和色泽黄度（b^* 值），然后用美国 FTC 公司生产的 TMS-Pro 质构仪进行质构分析。质构仪所用探头为圆柱形，其直径为 20 mm，检测运行速度为 100 mm/min，力量感应元的量程为 500 N，起始力为 0.5 N，所测面团型变量为 50%，数值精确到 0.01。

第三节　数据处理与统计分析方法

采用 Excel 软件进行数据整理，用 SAS9.1.3 统计分析软件的 ANOVA 过程进行二因素裂区方差分析，采用 Duncan 新复极差法进行显著性检验（$P<0.05$）。结果用平均值表示。

采用 CORR 过程对穗数、穗粒数、千粒重与籽粒产量进行相关分析，对籽粒产量和籽粒蛋白质含量分别进行最短距离聚类分析。

参考文献

邓妙，魏益民，1989. 蛋白质组分的连续累进提取分析法［J］. 西北农林科技大学学报（自然科学版）（1）：110-113.

韩占江，郜庆炉，吴玉娥，等，2008. 小麦籽粒灌浆参数变异及与粒重的相关性分析［J］. 种子，27（6）：27-30.

金玉红，张开利，张兴春，等，2009. 双波长法测定小麦及小麦芽中直链、支链淀粉含量［J］. 中国粮油学报，24（1）：137-140.

刘海英，王华华，崔长海，等，2013. 可溶性糖含量测定（蒽酮法）实验的改进［J］. 实验室科学，16（2）：19-20.

马守臣，张绪成，杨慎骄，等，2012. 施肥和水分调亏对冬小麦生长和产量的影响［J］. 灌溉排水学报，31（4）：68-71.

DONG Z, 2000. Agronomic characteristics and high-yield cultivated techniques of bread wheat variety—Wanmai 33［J］. Journal of Anhui Agricultural Sciences, 28（1）：52-53.

JI A M, ZHAO J M, 2011. The planted performance and cultivation techniques in Jiangsu coastal areas of strong gluten wheat variety Zhenmai 168 [J]. Modern Agricultural Sciences and Technology (21): 98-107.

ZHANG Y, 2003. Grain quality formation characteristics and regulation measures of weak gluten wheat variety Ningmai 9 [D]. Yangzhou: Yangzhou University.

ZHAO Q, JIANG H M, JING-CHUAN Y U, 2005. Studies on breeding and characters of good quality high yield wheat Yannong 19 [J]. Journal of Laiyang Agricultural College, 22 (3): 168-174.

ZHU D M, LIU R R, MA T B, et al., 2005. Studieson high-yield groups control technology of weak gluten wheat Yangmai 15 [J]. Jiangsu Agricultural Sciences (6): 16-21.

第三章

优质小麦品种在晋中麦区的
生育特性及产量与品质性状研究

第一节　舜麦 1718 和中麦 175 在晋中晚熟冬麦区的
生育特性及产量与品质性状分析

本节的研究内容见第二章第一节第一部分；指标测定方法见第二章第二节；数据处理与统计分析方法见第二章第三节。

一、产量及其结构比较

试验所得舜麦 1718 和中麦 175 的产量及产量结构见表 3-1。分析表 3-1 可以看出，两个品种在晋中地区种植后，来自黄淮冬麦区的舜麦 1718 平均穗粒数较北方冬麦区的中麦 175 多，而每公顷穗数及千粒重较中麦 175 低，最终产量不及中麦 175。中麦 175 的产量水平接近晋中地区一般水平。从理论产量水平来看，舜麦 1718 还有较高的发展潜力。

表 3-1　舜麦 1718 和中麦 175 的产量比较

品种	穗数（万穗/hm²）	穗粒数（个）	千粒重（g）	理论产量（kg/hm²）	实际产量（kg/hm²）
舜麦 1718	594.0±16.5	33.1±12.2	37.3±0.9	7293.2±43.5	6075.0±106.5
中麦 175	655.5±31.5	30.9±9.07	40.0±2.2	8061.0±57.0	7837.5±159.0

二、群体总茎数比较

通过分析两个品种在不同生育时期的群体总茎数（图 3-1），可以看出，舜麦 1718 分蘖能力较强，在返青至拔节期可以形成大量分蘖，最高分蘖可以达到 1200 万个/hm²，而中麦 175 分蘖能力较低，最高分蘖出现在起身期（不足

900 万个/hm²）。前人研究表明，冬前群体总茎数以 1200 万~1500 万个/hm² 为宜，拔节期群体总茎数以 1800 万个/hm² 为宜，最终穗数可以达到 600 万~750 万穗/hm²。本试验中两个品种均没有达到合理的群体总茎数水平，原因是 2009 年冬季异常低温，导致大量植株死亡，尤其中麦 175 受影响更大，死亡率达 50% 以上。

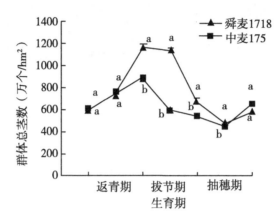

图 3-1　舜麦 1718 和中麦 175 在不同生育期群体总茎数的比较

在整个生育期内，两个品种群体总茎数都呈现先增加后减少的趋势。但在初始苗数相同的情况下，舜麦 1718 的总茎数始终多于中麦 175。造成这种现象的原因可能是舜麦 1718 播种较深，地中茎较长，而中麦 175 播种较浅，地中茎较短。

三、不同生育期单株性状比较

就单株性状来看（表 3-2），返青至起身期，两个品种单株长势（包括株高、绿叶数、主茎叶龄、次生根数及倒二叶长宽）较为接近，但舜麦 1718 穗分化发育缓慢，还处在二棱期；而从拔节期开始，中麦 175 根蘖生长速度明显加快，此期舜麦 1718 穗分化与中麦 175 同步，处于雌雄蕊形成期，两个品种平均每穗的小穗数分别达到 19 穗和 21 穗；但由于 2010 年 4 月，正值小麦拔节期，山西省大范围晚霜冻害，全部冬麦主产区均发生不同程度的受损，中麦 175 较舜麦 1718 冻害表现严重，因此孕穗期测定结果显示中麦 175 植株长势较舜麦 1718 差，平均每穗小穗数由拔节期的 21 穗锐减为 14 穗，进而导致最终穗粒数比舜麦 1718 少（表 3-2）。

表 3-2　不同生育时期舜麦 1718 和中麦 175 的单株性状比较

单株性状	品种	返青期	起身期	拔节期	孕穗期
株高（cm）	舜麦 1718	16.31±1.47	22.11±2.62	32.45±2.04	54.61±3.82
	中麦 175	15.08±1.64	21.08±2.35	37.29±2.66	54.67±3.85
绿叶数（张）	舜麦 1718	5.50±2.22	3.80±1.55	6.75±1.89	5.90±0.32
	中麦 175	5.60±1.96	4.13±1.36	7.50±2.56	5.20±0.42

（续表）

单株性状	品种	返青期	起身期	拔节期	孕穗期
主茎叶龄（叶）	舜麦 1718	6.92±0.21	7.49±2.39	8.40±4.21	11.30±0.48
	中麦 175	6.73±2.15	7.17±2.58	9.29±3.32	12.10±0.57
分蘖数（个）	舜麦 1718	2.40±0.70	1.00±1.05	1.00±0.82	—
	中麦 175	2.40±0.97	1.00±0.93	0.75±0.71	—
次生根数（个）	舜麦 1718	6.00±1.41	5.80±1.62	9.00±1.41	—
	中麦 175	7.90±1.45	6.25±1.75	14.63±3.70	—
倒二叶长（cm）	舜麦 1718	8.31±2.55	13.34±2.02	19.60±1.66	23.56±0.82
	中麦 175	7.24±1.39	13.71±1.61	20.83±2.08	18.41±1.63
倒二叶宽（cm）	舜麦 1718	0.58±0.15	0.45±0.07	1.13±0.10	1.47±0.09
	中麦 175	0.67±0.10	0.60±0.09	1.18±0.08	1.18±0.09
主茎穗的小穗数（穗）	舜麦 1718	—	—	18.43±0.78	19.20±1.03
	中麦 175	—	—	20.29±0.75	14.00±1.25
主茎幼穗分化期	舜麦 1718	—	二棱期	雌雄蕊形成期	药隔分化期
	中麦 175	—	小花分化期	雌雄蕊形成期	药隔分化期

四、孕穗期主茎各功能叶的长宽比较

孕穗期功能叶的叶面积大小可以反映植株进入灌浆期的光合能力强弱。从表 3-3 可以看出，由于受拔节期冻害的影响，中麦 175 各功能叶的长宽始终比舜麦 1718 差，因而灌浆期叶部光合潜力以舜麦 1718 为好。

表 3-3　孕穗期舜麦 1718 和中麦 175 各功能叶的长宽比较　　　　（单位：cm）

品种	旗叶		倒二叶		倒三叶		倒四叶		倒五叶	
	长	宽	长	宽	长	宽	长	宽	长	宽
舜麦 1718	18.19±1.37	1.75±0.06	23.56±0.82	1.47±0.09	20.23±1.26	1.26±0.06	17.56±1.13	1.04±0.13	14.74±1.86	0.70±0.16
中麦 175	15.07±1.92	1.43±0.10	18.41±1.63	1.18±0.09	16.11±5.45	1.03±0.07	15.39±2.08	0.73±0.12		

五、抽穗期单茎节间长及穗长比较

抽穗期单茎节间长一方面可以反映植株高矮，抗倒伏状况；另一方面也可以反映茎叶干物质积累多少，灌浆过程中氮源是否充足。从表 3-4 可以看出，舜麦 1718 植株矮小，虽然基部第一节间和第二节间比中麦 175 长，但第三节间到第五节间的长度均较中麦 175 短，因此在拔节期可以通过追施大量氮肥来促进舜麦 1718 上位节间的伸长，从而调节植株受光状况与干物质累积状况。到抽穗期，2 个品种的穗长及总小穗数差异不显著。

表3-4　抽穗期舜麦1718和中麦175的生长状况

品种	单茎高 (cm)	穗长 (cm)	小穗数 (穗)	节间长 (cm)				
				第一节	第二节	第三节	第四节	第五节
舜麦1718	50.43±5.91	6.76±0.55	18.25±1.29	4.32±1.61	6.95±0.69	9.35±1.33	11.96±1.47	16.25±3.93
中麦175	57.37±9.23	6.30±1.17	17.83±1.19	3.20±1.21	5.71±1.53	9.97±2.86	15.43±4.07	22.55±4.21

　　注：舜麦1718第一节至第五节的节间长之比为1.0∶1.6∶2.2∶2.8∶3.8；中麦175第一节至第五节的节间长之比为1.0∶1.8∶3.1∶4.8∶7.0。

六、籽粒品质分析

　　从籽粒品质性状（表3-5）来看，水分含量在10%～14%时，舜麦1718和中麦175的蛋白质含量均达到16%以上，湿面筋含量平均在33%左右，面团形成时间4 min，符合强筋标准；籽粒容重900 g/L以上，出粉率较高；但面粉吸水率均不足60%，面团稳定时间不足10 min，沉降值30 mL左右，延展性144 mm以上，表明面筋强度及烘烤品质未达到国家标准，比较适于蒸煮、制作馒头或面条。其中，舜麦1718的各项品质性状略优于中麦175。

表3-5　舜麦1718和中麦175的籽粒品质比较

品种	水分 (%)	蛋白质 (%)	湿面筋 (%)	吸水率 (%)	形成时间 (min)	延展性 (mm)	沉降值 (mL)	稳定时间 (min)	容重 (g/L)
舜麦1718	12.18±0.44	18.09±1.19	33.51±2.27	59.41±0.01	4.41±0.09	152.15±7.15	32.18±2.92	9.61±0.88	923.88±1.61
中麦175	11.53±0.01	16.72±1.84	32.14±4.23	56.05±1.05	4.10±1.00	144.50±22.50	29.62±7.60	9.18±0.95	912.59±10.55

　　上述结果表明，舜麦1718和中麦175在晋中晚熟冬麦区种植后，籽粒品质性状达到强筋蒸煮标准，而烘烤品质有待提高。舜麦1718在营养价值、烘烤品质、出粉率等方面较中麦175有良好表现。

七、太谷县（今太谷区）历年气候状况与小麦适应性分析

　　为了更好地了解这两个品种在晋中太谷县的适应性表现，本研究引入瓦尔特气候图（杨珍平，2009）来分析太谷县常年（1950—1985年）的气候状况（图3-2）。

　　瓦尔特气候图由一个横坐标与两个纵坐标构成，横坐标为月份，左纵坐标为温度 T，右纵坐标为降水量 R，将月平均温度（T）和月平均降水量（R）的步长按 $T∶R=1∶2$ 和 $T∶R=1∶3$ 两种比例设置，即降水与温度的步长比值分别为1个温度步长为10 ℃，分别等于一个步长降水量20 mm与一个步长降水量30 mm，然后将温度和降水量按月绘制在一起形成瓦尔特气候分析图。在温度纵坐标的顶端右侧标有年平均总降水量（$\sum R$）、≥10 ℃积温（$≥10 ℃ \sum T$）以及年平均气温（T_{mean}），在降水纵坐标顶端左侧标有北纬（N）、东经（E）及海拔高度（H），图3-2中3条线分别为按月的温

度线，按 1:2 的降水曲线，按 1:3 的降水曲线。瓦尔特气候图制出后，分别可根据热量与雨量的时空分布面积、水热曲线交叉的时间部位等对研究对象进行比较分析。

从图 3-2 可以看出，晋中太谷县年平均气温为 9.8 ℃，年降水量 456 mm，年日照时数 2600 h，≥10 ℃年积温为 3520 ℃，光热资源充足。其中，9 月 25 日（秋分前后）至 12 月 7 日（大雪前后）小麦冬前第一次生长高峰期，月平均气温为 10 ℃左右，利于小麦冬前干物质累积，为越冬做准备；12 月 7 日至 3 月 5 日（惊蛰前后）小麦越冬期月平均气温-4.5 ℃左右，此期对冬性品种（有较强的低温短日要求——即春化现象）的抗寒性提出了较高的要求；3 月 5 日至 6 月 25 日（夏至前后）小麦春季第二次生长高峰期月平均气温 15 ℃左右，利于小麦春季干物质积累及穗部发育（包括穗数、穗粒数、千粒重），易形成大穗重穗，千粒重高。依常年情况来看，本试验的 2 个推广品种均可越冬，但 2009 年冬季至 2010 年春季的两次异常低温，中麦 175 表现抗寒性较差。从水资源状况来看，春季干旱是该县小麦生产的一大制约，因此小麦一生中一般浇水 5 次，对于这两个品种的产量形成不构成限制。结合前文的分析可以看出，限制舜麦 1718 产量形成的主要因素是株型矮小，因此，生产上应注意拔节期肥水处理以促进其拔节伸长。

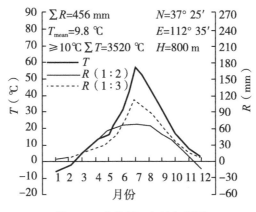

图 3-2　太谷县瓦尔特气候图

八、讨论与结论

冬性品种中麦 175 与半冬性品种舜麦 1718 在晋中晚熟冬麦区播种以后，生长发育正常，都能够实现其生活周期，说明两个品种比较适合在当地生长，有推广应用的潜力。

从产量及产量结构来看，中麦 175 的实际产量高，达到 7800 kg/hm²，产量结构（穗数、穗粒数、千粒重）为 655 万穗/hm²、30 粒、40g，在维持品种一定粒数的基础上，以穗数、粒重获得高产。舜麦 1718 的实际产量低，为 6000 kg/hm²，产量结构为近 600 万穗/hm²、33 粒、37g，在获得一定穗数的基础上，依靠粒数及粒重求得高产。相比而言，舜麦 1718 还有更大的发展潜力。由于晋中地区的光热资源丰富，利于后期干物质积累，根据本研究团队所在实验室多年的实践结果，当前该地区小麦千粒重平均可达到 40~45 g，甚至可达到 50 g，因此这两个品种的粒重都有望再提高，进而提高产量。

从农艺性状来看，舜麦 1718 前期生长发育缓慢，到拔节期其穗分化处在二棱期，有利于抵抗早晚霜冻，而中麦 175 到拔节期其穗分化已达到小花分化期，不利于抗寒。因此当 2010 年 4 月山西省大范围发生晚霜危害时，中麦 175 较舜麦 1718 冻害表现严重，穗部发育明显受阻，平均每穗小穗数锐减，最终穗粒数低于舜麦 1718。舜麦 1718 的春季分蘖能力明显强于中麦 175，而从拔节期开始，中麦 175 根蘖生长速度明显加快，但由于舜麦 1718 株型矮小，穗分化缓慢，在拔节期节长生长缓慢，导致其无效分蘖增多，最终穗数明显低于中麦 175。舜麦 1718 这种矮小的株型也不利于灌浆后期干物质的积累。因此在生产上要重施拔节肥水，以促进其前期营养生长，利于后期籽粒干物质积累（刘兆晔等，2010）。

从籽粒品质性状来看，在晋中晚熟冬麦区种植后，舜麦 1718 和中麦 175 的蛋白质和湿面筋含量及面团形成时间符合强筋标准，籽粒出粉率也较高；但面粉吸水率、面团稳定时间及沉降值不足，而延展性较强，表明面筋强度及烘烤品质未达到国家标准，比较适于蒸煮、制作馒头或面条。舜麦 1718 在营养、烘烤品质、出粉率等方面略优于中麦 175。

通过分析晋中当地的气候条件，可以看出，该地区冬季（11 月至翌年 1 月）气温偏低（-2.7 ℃左右），尤其 1 月最低气温平均为-6.0 ℃；而春季（2—4 月）正值小麦返青起身期，月平均气温 4.2 ℃，春寒料峭，倒春寒发生频繁，特别是近年来晚霜冻害频繁发生对作物抗冻性、抗寒性提出了更高的要求，因此需要种植有较高抗寒抗冻能力的品种。本研究结果表明，舜麦 1718 和中麦 175 具有一定的抗寒抗冻能力，舜麦 1718 的抗晚霜冻害能力强于中麦 175，但其株型矮小，在晋中地区推广要注意重施拔节水肥，以利于提高穗数、促进茎节延长、扩大后期籽粒充实度。研究结果还表明，当地光热资源丰富，尤其小麦灌浆后期（5 月中旬至 6 月初），光照充足，月平均气温 20 ℃左右，利于发展诸如舜麦 1718 和中麦 175 这类蛋白质含量较高的强筋（或中筋）小麦品种，进而充分挖掘其品质优势。

综上所述，舜麦 1718 和中麦 175 都可以在晋中晚熟冬麦区完成完整的生命周期，中麦 175 产量水平较高，舜麦 1718 产量水平有进一步提升的潜力；舜麦 1718 的抗寒性、抗冻性更好，更加适合当地气候条件，在籽粒营养和经济价值上也更好。因此推断可以通过对中麦 175 加强抗寒锻炼以提高抗性，通过加强水肥措施改变舜麦 1718 的株型以利于灌浆期干物质积累等方式，来改进两个品种的生育表现，以期更好地适应晋中晚熟冬麦区的气候条件，得以在该地区推广应用。

小麦的产量和品质差异与许多复杂的生理生化过程相关，它不仅受到基因的影响，环境条件和栽培措施也起到至关重要的作用（王立秋，1996）。不同的小麦品种对环境条件和栽培措施的要求不同。本研究旨在研究来自两个不同麦区的小麦品种中麦 175 和舜麦1718在晋中晚熟冬麦区的生育表现，以期得到适宜在当地推广种植的优良种质资源。在前人研究的基础上，笔者对两个品种不同生育时期的单株性状、收获后的产量性状及籽粒品质性状等方面进行了详细的调查研究，结果表明两个品种都有推广应用的潜力，舜麦1718表现出更强的抗寒适应性，更能适应当地复杂多变的气候条件。

由于试验期间恰逢山西省冬季异常低温与春季晚霜冻害，试验所用的两个品种很大程度上表现出冬性及抗晚霜冻害能力，抗性较好的舜麦1718表现出了良好的生产发展潜力。由于未能了解常年正常条件下两个品种尤其是中麦175的生长发展潜力，因此有必要进一步研究常年条件下两个品种的产量潜力，为更好地推广应用优质资源提供支持。另外，本次研究中，笔者仅从农艺性状、产量性状及品质性状等表型入手，未涉及生理生化指标。后续研究将从这方面着手，以进一步了解两个品种的抗性机理。

第二节　黄淮和长江中下游冬麦区优质冬小麦品种在晋中麦区的生育特性及产量与品质性状分析

本节的研究内容见第二章第一节第二部分；指标测定方法见第二章第二节；数据处理与统计分析方法见第二章第三节。

一、秋播9个引进品种的冬前农艺性状及冬性

越冬前的调查数据（表3-6）显示，供试的9个引进品种，除镇麦168和扬辐麦4号的株高（分别为12.16 cm和13.46 cm）与当地品种山农129（12.80 cm）相当外，其余7个品种的株高平均在16 cm左右，明显高于山农129（$P<0.05$）；除镇麦168、扬辐麦4号和皖麦33的主茎叶龄（分别为5.17叶、4.77叶、5.18叶）与当地品种山农129（4.98叶）接近外，其余6个品种的主茎叶龄平均在5.7叶左右，明显高于山农129（$P<0.05$）；调查期间，大多数引进品种的幼穗分化达到二棱期，而山农129为伸长期，说明引进品种春性较强，生长迅速。另外，供试的9个品种一级分蘖数与山农129差异不大，均为单株3个左右，而单株分蘖数在品种间差异较大。总的来看，以烟农19分蘖能力最强，其次为淮麦18、山农129、扬辐麦2号，其余品种的单株总分蘖数皆不足4个。从单株功能绿叶来看，与山农129比较，淮麦18、烟农19的叶片细长，且绿叶数多；宁麦9号、宁麦13、皖麦33、扬麦15的叶片宽长，但绿叶数少；扬辐麦2号、扬辐麦4号的叶片宽短，且绿叶数少，镇麦168整体表现苗小苗弱。此外，虽然引进品种生长迅速，但干物质累积量大多数不及山农129，仅烟农19与山农129的干物质累积量相当。这可能与冬性强弱有关，冬前干物质累积越多，冬性越强，反之，冬性越弱。从变异系数来看，10个品种的单株性状差异首先在于干物质积累，其余依次是单株绿叶数、倒二叶长、次生根数、株高、主茎分蘖数及主茎叶龄。

在返青期，镇麦168、扬辐麦4号、扬辐麦2号、宁麦13全部死亡，均不能越冬，

显示出强春性；扬麦 15、皖麦 33、宁麦 9 号越冬后仅余零星的几株，亦显春性；只有烟农 19 和淮麦 18 可以正常生长，显示出一定的冬性，说明引进的 9 个小麦品种中，可以在晋中晚熟冬麦区秋播种植的只有烟农 19 和淮麦 18。

表 3-6　秋播 9 个引进品种的冬前农艺性状

| 品种 | 株高（cm） | 总分蘖数（个） | 一级分蘖数（个） | 单株绿叶数（张） | 倒二叶 | | 主茎叶龄（叶） | 次生根数（个） | 单株鲜重（g） | 单株干重（g） |
					长（cm）	宽（cm）				
烟农 19	17.85a	5.20a	2.95a	14.25a	8.94ab	0.53bc	6.47a	8.30a	1.59a	0.47a
宁麦 9 号	16.92ab	3.75b	2.55ab	10.25dc	11.01a	0.63abc	5.22bdc	5.40bc	1.408ab	0.37ab
淮麦 18	14.98dc	4.60ab	2.85ab	13.00ab	10.36ab	0.52bc	5.28bdc	4.35c	1.24ab	0.37ab
宁麦 13	15.64bc	3.55b	2.40ab	9.35dce	11.04a	0.69ab	5.52bdc	6.05bc	1.16abc	0.30bcd
镇麦 168	12.16e	3.75b	2.55ab	4.70f	4.00c	0.48c	5.17dc	5.20bc	0.70c	0.16e
皖麦 33	17.64a	2.40c	2.30b	7.15e	10.31ab	0.61abc	5.18dc	5.90bc	0.94bc	0.26cde
扬辐麦 2 号	17.62a	4.15ab	2.50ab	10.00dc	6.74bc	0.06abc	6.02abc	6.65b	1.36ab	0.35ab
扬辐麦 4 号	13.46de	3.55b	2.40ab	8.50de	7.31h	0.66abc	4.77d	5.80bc	0.98bc	0.23cde
扬麦 15	17.88a	3.95b	2.65ab	11.05bc	9.37ab	0.77a	5.41bdc	5.50bc	1.37ab	0.34bc
山农 129（CK）	12.80e	4.45ab	2.30b	11.35bc	9.21ab	0.60abc	4.98d	5.65bc	1.25ab	0.47a
平均值	15.65	3.93	2.55	9.81	8.92	0.61	5.47	5.94	1.15	0.32
CV（%）	13.55	18.15	8.17	27.20	23.92	13.40	9.63	16.90	25.29	32.25

注：同列字母不同，表示差异显著（$P<0.05$），本节余表同。

二、秋播且正常越冬的 3 个品种产量性状分析

秋播种植后，烟农 19 和淮麦 18 产量均小于山农 129，其中烟农 19 的产量与山农 129 差异不显著，且显著高于淮麦 18，但每穗小穗数、穗粒数及千粒重在 3 个品种之间均差异不显著（表 3-7）。烟农 19 和山农 129 的成穗数均明显高于淮麦 18。由于淮麦 18 的冬性不及烟农 19，导致其收获株数明显低于烟农 19，尽管分蘖能力与其相近（表 3-6），但最终成穗数明显低于烟农 19。结合表 3-6 和表 3-7 的平均株高可以看出，虽然冬前烟农 19 和淮麦 18 生长迅速，但在春季拔节期间二者的伸长生长速度明显不及山农 129。总的来看，烟农 19 在晋中晚熟冬麦区的秋播优势明显强于淮麦 18。

表 3-7　秋播烟农 19、淮麦 18 和山农 129 的产量性状

品种	收获株数（万株/hm²）	成穗数（万穗/hm²）	穗长（cm）	小穗数（穗）	穗粒数（粒）	千粒重（g）	籽粒产量（kg/hm²）	平均株高（cm）
烟农 19	495.0ab	673.5b	6.85b	14.95a	32.10a	40.96a	7057.5a	64.9b
淮麦 18	385.5b	493.5c	6.03c	12.85a	29.80a	41.98a	3907.5b	62.7b
山农 129（CK）	538.5a	730.5a	7.33a	15.00a	33.85a	45.55a	7728.0a	74.5a

三、春播9个引进品种的农艺性状分析

在春播的9个引进品种中，除烟农19和淮麦18于2011年6月4日抽穗外，其余品种皆于2011年5月28日抽穗。从拔节期和孕穗期的单株性状（表3-8）可以看出，供试的9个引进品种中，无论拔节期还是孕穗期，均以烟农19的株高最矮（$P<0.05$），分蘖能力最强（$P<0.05$），次生根数及单株绿叶数最多（$P<0.05$），表现出较强的冬性。淮麦18的株高次之，但分蘖能力远不及烟农19（$P<0.05$）。另外，在拔节期，9个品种的主茎叶龄平均在8.0叶以上，孕穗期均达到10叶左右，即春播9个品种的一生中主茎叶龄为10叶左右。

表3-8 春播9个引进品种拔节期和孕穗期的单株农艺性状

生育时期	品种	株高（cm）	总分蘖数（个）	一级分蘖数（个）	主茎叶龄（叶）	次生根数（个）	倒二叶 长（cm）	倒二叶 宽（cm）	单株绿叶数（张）	叶面积系数
拔节期	烟农19	25.55e	3.7a	2.9a	8.60a	17.9a	17.79bc	0.51d	20.8a	1.5
	宁麦9号	28.51cde	1.0bcd	0.9bcd	8.30ab	12.3cd	17.24bc	0.82ab	9.7b	2.3
	淮麦18	27.56de	0.4cd	0.4cd	8.30ab	15.8ab	14.72d	0.81ab	7.8b	1.8
	宁麦13	31.25abc	0.7bcd	0.7bcd	8.50a	10.3d	19.10ab	0.91a	8.0b	2.4
	镇麦168	34.34a	1.0bcd	1.0bcd	8.52a	11.7cd	18.88ab	0.75bc	7.4b	2.2
	皖麦33	29.60bcd	1.4bc	1.2bc	8.48a	12.7cd	17.88bc	0.87ab	9.1b	2.7
	扬辐麦2号	32.13ab	0.9bcd	0.8bcd	8.13b	13.5bc	20.92a	0.95a	8.1b	3.1
	扬辐麦4号	28.14cde	0.2d	0.1d	8.38ab	10.6cd	16.16cd	0.66c	6.6b	1.2
	扬麦15	28.27cde	1.7b	1.6b	8.28ab	10.8cd	19.06ab	0.83ab	9.2b	2.5
孕穗期	烟农19	27.80d	3.9a	3.2a	9.25c	18.4a	18.75bc	0.78d	17.4a	4.5
	宁麦9号	47.55ab	2.3abc	2.0ab	10.04b	14.2bc	20.28b	1.31ab	9.0c	4.1
	淮麦18	39.82c	1.5c	1.4b	9.00d	16.7ab	16.32c	1.10c	11.1bc	3.4
	宁麦13	45.67bc	3.5ab	2.7ab	9.93b	10.6cd	19.32b	1.46a	9.3c	4.6
	镇麦168	47.36ab	2.6abc	2.6ab	9.96b	15.1ab	20.28b	1.04c	7.9c	2.9
	皖麦33	44.57bc	1.8bc	1.6b	9.90b	10.3d	21.02b	1.27b	8.5c	4.0
	扬辐麦2号	52.96a	3.9a	2.5ab	9.95b	18.0ab	24.56a	1.47a	13.2b	8.2
	扬辐麦4号	45.47bc	2.5abc	2.3ab	9.99b	17.8ab	18.74bc	1.19bc	11.4bc	4.4
	扬麦15	42.79bc	2.7abc	1.9ab	10.70a	10.5cd	19.98b	1.34ab	10.3bc	4.6

从灌浆期的单茎性状（表3-9）可以看出，烟农19叶片细长，淮麦18叶片宽短，其余品种的叶片长且宽。叶面积系数是反映植株光合效率的形态特征（张鑫和赵殿国，1982）。随着小麦植株的生长及分蘖的增多，单株绿叶数会增加，单株叶面积系数相应提高，在孕穗—抽穗期达到最大，一般以拔节期3~4、孕穗期5~6为宜（于振文，2003）。在春播的9个引进品种中拔节期的叶面积系数仅扬辐麦2号达到3.1，其余品种均未达到3，群体偏弱，光能利用不足；在孕穗期，也以扬辐麦2号的叶面积系数最大，达到8.2，群体郁闭，光合利用率低，而其余品种均未达到5，其中镇麦168和淮

麦 18 的叶面积系数最小，为 3.0 左右，其他品种则在 4.5 左右（表 3-8）。这表明在晋中晚熟冬麦区，扬辐麦 2 号的播种密度应略稀，镇麦 168 和淮麦 18 的播种密度应略大，其余品种应适中偏密。

表 3-9　春播 9 个引进品种灌浆期的农艺性状

品种	株高 (cm)	绿叶数 (张)	基部第一节间		基部第二节间		倒二叶			旗叶		
			长 (cm)	直径 (cm)	长 (cm)	直径 (cm)	长 (cm)	宽 (cm)	单叶面积 (cm²)	长 (cm)	宽 (cm)	单叶面积 (cm²)
烟农 19	47.70a	4.0a	3.48c	0.326ab	5.88d	0.371bc	20.52a	1.24a	20.5	19.20a	1.70a	27.2
宁麦 9 号	49.22a	3.4b	7.38a	0.322ab	12.38a	0.336c	16.16ab	0.92bc	12.2	14.84a	1.14b	13.6
淮麦 18	46.46a	3.2bc	3.74c	0.294b	7.58cd	0.378abc	16.78ab	0.88bc	12.6	15.06a	1.36b	17.6
宁麦 13	53.38a	3.0bc	5.34b	0.296b	8.52bc	0.350c	14.94b	0.88bc	11.2	14.44a	1.16b	14.4
镇麦 168	44.78a	2.6c	5.34b	0.335ab	10.70ab	0.396abc	16.76ab	0.82c	11.2	17.60a	1.20b	17.6
皖麦 33	49.98a	3.0bc	5.48b	0.326ab	10.78ab	0.418abc	16.64ab	0.92bc	12.5	18.52a	1.24b	18.5
扬辐麦 2 号	53.40a	2.6c	5.98ab	0.377a	12.74a	0.467a	20.60a	1.00bc	17.2	15.84a	1.34b	17.1
扬辐麦 4 号	47.44a	3.0bc	6.04ab	0.347ab	10.98ab	0.395abc	14.78b	1.04abc	12.3	16.16a	1.28b	17.6
扬麦 15	50.84a	3.2bc	6.24ab	0.381a	10.76ab	0.460ab	19.82ab	1.08ab	18.2	19.46a	1.44ab	22.7

9 个引进品种在灌浆期间单茎长度相差不大，但烟农 19 和淮麦 18 的基部第一、第二节间长度明显低于其他品种。烟农 19 灌浆期单茎绿叶数最多（$P<0.05$），功能叶（旗叶和倒二叶）面积最大（$P<0.05$），光合能力最强，有利于穗部干物质积累，其次是扬麦 15，其余品种均不及这两个品种。

从表 3-10 可以看出，由于烟农 19 和淮麦 18 冬性较强，前期生长时间较长，抽穗较晚，因此茎秆干重居前两位，但籽粒充实度远不及其他品种，尤其烟农 19 灌浆进程刚刚开始，单茎籽粒干重仅 0.04 g，也说明烟农 19 灌浆前期速率缓慢，淮麦 18 灌浆前期速率较快。其余春性较强的品种中，以扬辐麦 4 号、宁麦 9 号和宁麦 13 的灌浆速率较快，籽粒充实度较高，而镇麦 168、扬麦 15、皖麦 33 及扬辐麦 2 号籽粒充实度偏低，灌浆速率偏慢。烟农 19 和扬辐麦 2 号的每穗小穗数多，小花数少，结实率高；扬辐麦 4 号、宁麦 9 号和宁麦 13 的每穗小穗数和小花数均较少，但结实率较高；皖麦 33 的每穗小穗数和小花数均较多，但结实率偏低；镇麦 168 和扬麦 15 则每穗小穗数、小花数和结实率均较低；淮麦 18 的每穗小穗数、小花数居中，结实率亦较高。

表 3-10　春播 9 个引进品种灌浆期的穗部性状

品种	每穗小穗数 (穗)	每穗小花数 (个)	单穗结实率 (%)	单茎干重 (g)	单茎籽粒干重 (g)	单茎籽粒干重/单茎干重
烟农 19	17.2a	52.8b	74.62	2.28	0.04	0.02
宁麦 9 号	14.4ab	55.2ab	71.74	0.94	1.02	1.09
淮麦 18	15.2ab	61.2ab	76.47	1.88	0.79	0.42

（续表）

品种	每穗小穗数 （穗）	每穗小花数 （个）	单穗结实率 （%）	单茎干重 （g）	单茎籽粒 干重（g）	单茎籽粒干重/ 单茎干重
宁麦 13	12.8b	54.4ab	72.79	1.18	1.20	1.01
镇麦 168	13.0b	46.0b	64.35	1.43	1.13	0.79
皖麦 33	17.0a	70.6a	66.29	1.60	1.05	0.66
扬辐麦 2 号	17.0a	62.4ab	73.08	1.62	0.87	0.54
扬辐麦 4 号	14.0ab	51.6b	79.85	1.09	1.34	1.23
扬麦 15	14.6ab	56.6ab	65.37	1.70	0.87	0.51

四、春播9个引进品种的产量性状分析

从成熟后的春播 9 个引进品种产量性状（表 3-11）来看，春播条件下 9 个引进品种的成穗数明显不足，最高者也仅为 261.0 万穗/hm²（淮麦 18）；除镇麦 168 和扬麦 15 的穗粒数偏低（分别为 19.5 粒和 25.9 粒）外，其余品种的穗粒数均达到晋中麦区常规穗粒数（28~33 粒），甚至宁麦 9 号的穗粒数达到 38 粒以上；除镇麦 168 和烟农 19 的千粒重（分别为 26.7 g 和 24.8 g）明显偏低外，其余品种的千粒重大多在 30~40 g，扬辐麦 2 号甚至达到 47.2；9 个品种最终收获产量均较低。可见 9 个引进品种在晋中麦区春播，虽然穗粒数满足高产条件，但穗数严重不足，粒重偏低，明显限制了产量的形成。分析各品种的穗部性状，可以看出，烟农 19 的穗较长，每穗小穗数、穗粒数（32.3 粒）较多，但因抽穗较晚（6 月 4 日），灌浆前期速率较慢，因而千粒重最低（24.8 g），产量亦不高；宁麦 9 号穗长及小穗数居中，但穗粒数（38 粒）、千粒重（39.9 g）较高，收获产量最高（2040.9 kg/hm²）；扬辐麦 2 号在穗长及小穗数方面与宁麦 9 号类似，千粒重（47.2 g）居 9 个品种之首，但穗粒数（31.4 粒）不及宁麦 9 号，产量仅次于宁麦 9 号；扬辐麦 4 号也有着粒数及粒重方面的优势；淮麦 18 虽然单穗性状稍差，但成穗数较多（261.0 万穗/hm²），因而产量居中。综合分析来看，淮麦 18、扬辐麦 2 号、宁麦 9 号的理论产量较高。将成穗数、穗粒数、千粒重与理论产量进行相关分析表明，影响晋中麦区春播小麦产量的关键因素是穗数（$r=0.6726^*$）和千粒重（$r=0.6718^*$），穗粒数对产量的影响较低，相关不显著（$r=0.2137$）。

表 3-11　春播 9 个引进品种的产量性状

品种	穗长 （cm）	每穗小穗数 （穗）	穗粒数 （粒）	穗粒重 （g）	千粒重 （g）	成穗数 （万穗/hm²）	收获产量 （kg/hm²）	理论产量 （kg/hm²）
烟农 19	7.6±0.6ab	17.1±2.2a	32.3±5.2bc	0.80	24.8	132.0	764.2	1057.5
宁麦 9 号	7.2±0.4cde	15.6±0.9ab	38.9±3.5a	1.55	39.9	139.5	2040.9	2164.5
淮麦 18	6.9±0.5ef	14.4±1.1c	29.0±4.3bcd	1.05	36.2	261.0	736.7	2740.5
宁麦 13	7.0±0.4def	14.9±1.0bc	33.1±3.7b	1.15	34.7	150.0	670.9	1723.5

（续表）

品种	穗长 （cm）	每穗小穗数 （穗）	穗粒数 （粒）	穗粒重 （g）	千粒重 （g）	成穗数 （万穗/hm²）	收获产量 （kg/hm²）	理论产量 （kg/hm²）
镇麦 168	6.8±0.4f	13.4±0.5d	19.5±2.4e	0.52	26.7	183.0	274.2	952.5
皖麦 33	7.9±0.4a	15.0±0.5bc	28.3±6.6cd	0.86	30.4	114.0	774.2	981.0
扬辐麦 2 号	7.4±0.6bcd	15.2±1.3bc	31.4±6.3bc	1.48	47.2	168.0	933.4	2490.0
扬辐麦 4 号	7.5±0.5bc	15.2±1.2bc	42.2±8.4a	1.59	37.7	69.0	602.5	1098.0
扬麦 15	6.2±0.2g	14.7±1.2bc	25.9±6.3d	0.96	37.1	114.0	473.4	1095.0

进一步依收获产量和理论产量两个指标进行聚类分析，可将 9 个品种划分为 3 类（图 3-3）：第一类为宁麦 9 号，收获产量与理论产量均达到 2000 kg/hm² 以上；第二类为淮麦 18 和扬辐麦 2 号，收获产量不足 2000 kg/hm²，理论产量达到 2000 kg/hm² 以上；第三类为其余 6 个品种，收获产量和理论产量分别不足 800 kg/hm² 和 2000 kg/hm²。

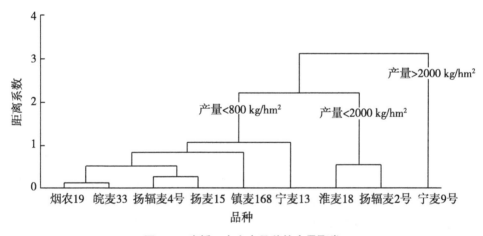

图 3-3　春播 9 个小麦品种的产量聚类

五、秋播、春播获得一定产量的几个小麦品种的品质性状分析

为比较秋播和春播的品质变化，试验选择秋播的烟农 19（强筋）、淮麦 18（中筋）和山农 129（中筋），以及春播的烟农 19、淮麦 18 和宁麦 9 号（弱筋），测定其品质性状。结果（表 3-12）表明，秋播的烟农 19 除沉降值及延展性明显低于山农 129（$P<0.05$）外，其余品质指标均明显高于山农 129（$P<0.05$）；淮麦 18 的蛋白质和湿面筋含量虽然较山农 129 高（$P<0.05$），但远不及烟农 19（$P<0.05$）；淮麦 18 的籽粒容重明显高于烟农 19 和山农 129（$P<0.05$），由此推测其出粉率可能较高；淮麦 18 的沉降值与烟农 19 接近（$P<0.05$），面粉吸水率及面团形成时间与山农 129 接近（$P<$

0.05），而面团稳定时间和延展性远不及这两个品种（$P<0.05$）。

表 3-12 秋播、春播获得一定产量的几个小麦品种的籽粒品质性状

播期	品种	水分（%）	蛋白质（%）	湿面筋（%）	沉降值（mL）	吸水率（%）	形成时间（min）	稳定时间（min）	延展性（min）	容重（g/L）
秋播	烟农 19	13.2d	17.4b	32.0a	16.7bc	60.6a	4.2a	10.8a	125.7b	926.4c
	淮麦 18	13.6c	16.2d	27.7c	16.9bc	55.8cd	2.8d	8.9e	82.3g	958.8a
	山农 129	13.3d	15.7e	26.8d	31.7a	55.7cd	2.9cd	10.1c	133.3a	905.9d
春播	烟农 19	13.6c	17.6a	31.3a	18.3bc	57.4b	3.2b	10.5b	118.3d	936.2b
	淮麦 18	13.9a	15.5f	26.3d	5.5d	57.2bc	1.3g	9.4d	80.7g	925.7c
	宁麦 9 号	13.7b	16.7c	30.0b	5.1d	52.8e	1.9f	8.7f	97.3f	937.7b
原产地	烟农 19	10.4g	13.3g	25.0e	21.1b	57.0bc	3.0c	6.5g	123.0c	899.9de
	淮麦 18	10.9e	12.7h	24.1f	10.6cd	55.0d	2.2e	4.7h	109.7d	907.3d
	宁麦 9 号	10.8f	12.3i	23.0g	8.4d	51.7e	1.9f	2.2i	119.0d	896.4e

在 3 个春播引进品种中，烟农 19 的各项指标均明显高于淮麦 18 和宁麦 9 号（$P<0.05$）；宁麦 9 号的蛋白质和湿面筋含量、面团形成时间、面团延展性及籽粒容重均明显高于淮麦 18（$P<0.05$），而面粉吸水率及面团稳定时间不及淮麦 18（$P<0.05$）。与秋播比较，春播品种的品质稍差。

与原产地的品质相比，几个引进品种无论秋播或春播，籽粒蛋白质和湿面筋含量、面团稳定时间及籽粒容重均明显提高（$P<0.05$），其他指标在品种间表现不同。

六、讨论与结论

山西省作为全国小麦主产区之一，其小麦生产有着许多长久以来形成的优势（田志刚等，2013），在全国小麦生产中占有重要的地位。由于农业产业结构变化，山西小麦种植面积逐年减少，其产量无法满足市场需求。另外，山西小麦品质在全国小麦品质区划中隶属于强筋、中筋麦区，但往往表现强筋不强等现象，因而常常大量引进其他产区的优质小麦用于面粉加工。为了拓宽山西小麦品质资源，筛选适宜在山西晋中生产的优质小麦品种，本研究以黄淮冬麦区和长江中下游冬麦区的 9 个优质小麦品种为材料，分析了其在晋中麦区的适应性，包括农艺性状、产量性状和品质性状 3 个方面。

小麦产量和品质的形成与许多复杂的生理生化过程相关，它不仅受到基因的影响，环境条件和栽培措施也起到至关重要的作用（季爱民和赵建明，2011；董召荣等，2000；赵倩等，2005；朱冬梅等，2005；张影，2003；杨学明等，2007；林红梅等，2009；张盉和赵殿国，1982；于振文，2003；田志刚等，2013；孙本普等，

2004；龚德平和傅承安，1997；朱昭进等，2011；赵乃新等，2003；王立秋，1996）。从太谷县（今太谷区）常年（1950—1985 年）的热量、降水量时空分布和水热曲线交叉时间可以看出，小麦越冬期平均气温 −5 ℃左右（图 3-2），不利于所有春性品种越冬，即使冬性品种宁麦 9 号也未能正常越冬（杨珍平等，2009）。本试验的 9 个品种中只有烟农 19（冬性品种）和淮麦 18（半冬性）可以正常越冬，且获得了一定的产量。太谷县春季气温亦偏低（0~10 ℃），且易发生干旱，尤其 2010—2011 年度秋冬春三季超过 120 d 无有效降水（图 3-4）。且与常年相比，3 月气温亦下降 0.2 ℃（数据源于山西气象信息网），因而延迟了引进品种的春播出苗。本试验在 2011 年 2 月 28 日播种小麦，出苗历时 1 个月，在 3 月 25 日出苗，且出苗差，基本苗数不足；加之 3—4 月降水持续偏少，其中 3 月较常年偏少超过 70%，4 月较常年偏少近 40%，因而限制了春播小麦拔节期的生长及分蘖，所有引进品种均植株矮小，最终限制了成穗数，不足 450 万穗/hm²。虽然孕穗期降水丰富，供试品种大多获得了相对较高的穗粒数（28~33 粒），甚至宁麦 9 号达到 38 粒以上，但因抽穗较晚（5 月 28 日和 6 月 4 日），灌浆进程历时短（仅 30 d 左右），因而供试品种的千粒重大多在 30~40 g，只有扬辐麦 2 号达到 47.2 g。成穗数不足，千粒重偏低，导致所有供试品种均未能获得较高的产量。与原产地各品种的产量结构（成穗数、穗粒数和千粒重）比较及相关分析均表明，限制产量的关键因素是成穗数和千粒重。本试验中春播小麦产量相对较高的品种仅有宁麦 9 号，其次为扬辐麦 2 号。另外，春播的 9 个品种中，烟农 19 的冬性较强，生长发育缓慢；淮麦 18 仅次于烟农 19；其余品种春性较强，生长发育速度相对较快。由于本试验是初次进行跨麦区的南麦北移试验，没有进行秋播或春播条件下的播期与播量组合效应研究，因此，后续试验将对这方面进行探讨，以期为南麦北移提供充分的理论依据。

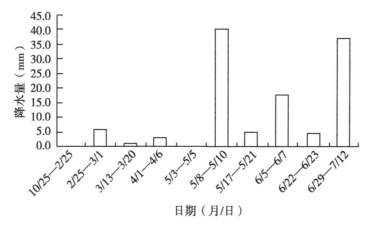

图 3-4 2010—2011 年度小麦生育期间太谷县降水情况

就籽粒品质而言，本试验的供试品种中，烟农 19、淮麦 18、宁麦 9 号分别为优质强筋、中筋、弱筋小麦。对烟农 19、淮麦 18、宁麦 9 号和山农 129 在秋播或春播后的品质分析表明，供试品种秋播的品质性状大多优于春播，且均优于原品种品质，尤其蛋白质和湿面筋含量明显增加，可能是因为晋中麦区光热资源充足，昼夜温差大，利于蛋白质形成；籽粒容重明显增加，表明其出粉率明显提高；面团稳定时间显著增加，表明其在烘烤面包特性方面有所改良。另外，本试验中，弱筋小麦（如宁麦 9 号）的蛋白质含量也明显提高，其原因一方面可能是晋中麦区的光热资源因素，另一方面可能是播种前及生育期间施用氮肥的缘故，具体原因有待后续试验的进一步证实。综合来看，晋中晚熟冬麦区适合发展强筋、中筋小麦品种，供试的烟农 19 和淮麦 18 有进一步应用研究的潜力。宁麦 9 号在晋中麦区的弱筋性状有待进一步证实。

综合分析表明，9 个引进品种中，仅有烟农 19 和淮麦 18 可以在晋中晚熟冬麦区正常秋播生长，并形成一定的产量；9 个引进品种均可在晋中麦区春播种植，但具有获得一定产量潜力的品种仅有宁麦 9 号、扬辐麦 2 号和淮麦 18，淮麦 18 春播的产量远不及秋播的产量；无论秋播或春播，引进品种的籽粒品质均优于当地育成品种山农 129，对改良当地品种有一定的意义。

第三节　山西小麦品种在晋中麦区的生育特性及产量与品质性状分析

本节的研究内容见第二章第一节第三部分；指标测定方法见第二章第二节；数据处理与统计分析方法见第二章第三节。

一、各生育期农艺性状表现

分析表 3-13 得知，冬前，晋麦 54、晋麦 61、长麦 8302、长麦 6135 和长麦 6686 的株高显著高于对照（$P<0.05$），其余品种的株高与对照差异不显著（$P>0.05$）；10 个供试品种的主茎分蘖平均在 3 个左右，且均高于对照，其中晋麦 54、晋麦 72、长麦 4640、长麦 6686 显著高于对照（$P<0.05$）；对照品种和长麦品种的单株绿叶数都多于晋麦品种，其中长麦 4640 最多，晋麦 54 最少；除长麦 6686 外，其余长麦品种的倒二叶长均长于对照和晋麦品种，个别达到差异显著水平（$P<0.05$），晋麦 54 和晋麦 72 的倒二叶宽显著宽于其他的晋麦和长麦品种（$P<0.05$），与对照品种的倒二叶宽差异不显著（$P>0.05$），整体来看，长麦 4640、长麦 6359、长麦 8302 和长麦 6135 的叶形细而长，晋麦 54、晋麦 72、晋麦 79 和对照品种的叶形短而宽，其余品种介于两类之间；11 个品种的次生根数平均在 6 条左右，其中，晋麦 61 的次生根数最多，近于 8 条，晋麦 72 和晋麦 79 的最少，不足 5 条，其余品种在 6 条左右；5 个晋麦品种及长麦 6359 的冬前干重积累显著低于其余长麦品种和对照山农 129（$P<0.05$）。

表 3-13 小麦品种冬前、拔节期和孕穗期单株性状比较 （N=3）

生育时期	品种	株高（cm）	总分蘖数（个）	主茎分蘖数（个）	绿叶数（张）	倒二叶		次生根数（个）	干重（g）
						长（cm）	宽（cm）		
冬前	晋麦 54	15.50bc	3.20c	3.93a	4.50d	4.33c	1.87a	5.00b	0.33cd
	晋麦 61	17.03ab	6.07ab	2.47cd	8.33c	6.73bc	0.53b	7.70a	0.41bc
	晋麦 72	11.20e	6.33a	3.67ab	7.50c	4.33c	1.20b	3.67b	0.31d
	晋麦 73	14.70cd	4.53abc	2.77bcd	9.13bc	6.32c	0.57b	5.47ab	0.26d
	晋麦 79	13.17de	4.10bc	2.93abcd	7.13cd	5.00c	2.00a	4.83b	0.29d
	长麦 4640	15.00bcd	5.50ab	3.00abc	14.10a	9.90ab	0.57b	6.27ab	0.53a
	长麦 6359	13.07de	4.05bc	2.60bcd	10.22bc	9.53ab	0.45b	5.87ab	0.29d
	长麦 8302	18.23a	4.12bc	2.47cd	9.93bc	10.98a	0.54b	5.60ab	0.50ab
	长麦 6135	16.42abc	4.33abc	2.53cd	10.10bc	11.80a	0.65b	5.00b	0.47ab
	长麦 6686	15.87bc	4.63abc	3.07abc	10.13bc	5.33c	0.70b	5.28ab	0.43ab
	山农 129（CK）	13.10de	4.73abc	1.87d	11.53ab	6.86bc	1.47ab	5.37ab	0.50ab
拔节期	晋麦 54	29.98cd	0.66c	0.69c	7.20bc	12.03ab	0.78ab	16.87b	0.76bcde
	晋麦 61	31.20bcd	0.97c	0.40c	6.67bcd	10.95abc	0.67ab	11.40c	0.70cdef
	晋麦 72	30.97bcd	0.93c	0.93c	10.40a	10.62bc	0.77ab	21.00a	0.64def
	晋麦 73	28.48d	0.47c	0.47c	8.30ab	11.92ab	0.81a	19.27ab	0.41f
	晋麦 79	31.29bcd	0.47c	0.47c	6.93bcd	14.94a	0.85a	17.23b	0.57ef
	长麦 4640	33.60abcd	5.50a	4.13ab	7.63bc	11.12abc	0.70ab	11.17c	1.17a
	长麦 6359	38.08a	4.05b	4.07ab	5.47cd	12.80ab	0.67ab	9.30c	0.97abc
	长麦 8302	35.60abc	4.12b	3.83ab	6.37bcd	11.81ab	0.61ab	10.03c	1.03ab
	长麦 6135	38.38a	4.33b	3.33b	5.53bcd	10.37bc	0.80ab	10.50c	0.91abcd
	长麦 6686	31.83bcd	4.63b	3.63ab	4.43d	8.67c	0.52b	9.00c	0.70cdef
	山农 129（CK）	36.66ab	4.73b	4.60a	7.60bc	10.37bc	0.58ab	11.53c	1.17a
孕穗期	晋麦 54	57.53a	0.33a	0.33a	4.67ab	18.90b	1.10ab	22.43a	4.94a
	晋麦 61	50.90abc	0.33a	0.33a	4.50ab	17.87b	1.04b	18.03abc	4.26abc
	晋麦 72	52.93ab	0.00a	0.00a	5.00a	15.33b	0.93b	19.80ab	4.88a
	晋麦 73	52.73ab	0.33a	0.33a	3.67bc	13.87b	0.97b	18.90ab	4.41ab
	晋麦 79	56.97a	0.40a	1.00a	4.67ab	16.40b	0.94b	20.63ab	4.29abc
	长麦 4640	46.77bcd	0.67a	0.67a	4.93ab	16.73b	0.60c	17.13bc	3.51bcd
	长麦 6359	40.23de	0.67a	0.67a	4.77ab	16.10b	1.12ab	13.90c	2.74d
	长麦 8302	38.31e	1.00a	1.00a	4.67ab	16.43b	1.07ab	19.87ab	3.11cd
	长麦 6135	46.36bcd	0.67a	1.00a	3.83abc	17.62b	1.28a	19.10ab	4.52ab
	长麦 6686	44.50cde	0.33a	0.67a	2.83c	17.66b	1.00b	19.30ab	4.53ab
	山农 129（CK）	55.34a	0.33a	0.33a	3.67bc	24.27a	0.97b	19.06ab	4.85a

注：同列小写字母不同，表示同一指标不同品种间差异显著（P<0.05），本节余表同。

拔节期，晋麦 54 和晋麦 73 的株高显著低于对照（P<0.05），其余品种的株高与对照差异不显著（P>0.05），比较而言长麦品种的株高略高于晋麦品种；晋麦品种的主茎分蘖平均不到 1 个，且显著低于对照（P<0.05），长麦品种的主茎分蘖平均在 4 个左右，且仅有长麦 6135 显著低于对照（P<0.05），其余品种与对照差异不显著（P>

0.05）；晋麦 72 的单株绿叶数显著高于对照（$P<0.05$），而长麦 6686 的单株绿叶数显著低于对照（$P<0.05$），其余品种的单株绿叶数与对照差异不显著（$P>0.05$）；除晋麦 79 的倒二叶既长且宽外，其余品种的倒二叶差异不显著（$P>0.05$）；晋麦品种和长麦品种的倒二叶宽都与对照差异不显著（$P>0.05$），整体来看，晋麦 61、晋麦 79、长麦 6359、长麦 8302 和长麦 6135 的叶形短而宽，长麦 6686 的叶形细而短，其余品种的叶形长短与宽窄适中；11 个品种的次生根数平均在 13 条左右，其中晋麦 72 的次生根数最多，达到 21 条，长麦 6359 和长麦 6686 的次生根数最少，不足 10 条，除晋麦 61 外，其余晋麦品种的次生根数显著高于对照和长麦品种（$P<0.05$）；除长麦 6686 外，其余长麦品种和对照的干物质积累明显高于晋麦品种（$P<0.05$）。

孕穗期，晋麦品种和对照品种的株高都明显高于长麦品种（$P<0.05$），晋麦品种与对照之间差异不显著（$P>0.05$）；11 个品种的主茎分蘖平均为 0.57 个左右，且品种间差异不显著（$P>0.05$）；11 个品种中的单株绿叶数介于 3~5 个，以长麦 6686 最少，不足 3 个，晋麦 72 最多，达到 5 个；11 个品种的倒二叶以山农 129 最长，其余品种间差异不显著（$P>0.05$）；11 个品种的次生根数介于 14~22 条，其中晋麦 54 最多，达到 22 条，长麦 6359 最少，不足 14 条；长麦 4640、长麦 6359 和长麦 8302 的干重积累显著低于对照和其他品种（$P<0.05$），其他品种与对照之间差异不显著（$P>0.05$）。

整体来看，从冬前到拔节期再到孕穗期，随生育进程推进，所有品种的株高、倒二叶长、次生根数及干重积累均明显增加，尤其拔节期到孕穗期增加迅速，而主茎分蘖数、单株绿叶数、倒二叶宽在品种间表现各异。其中，晋麦品种的主茎分蘖数在冬前最多，达 3 个左右，拔节期骤降，直至孕穗期均不足 1 个；而长麦品种主茎分蘖数冬前为 3 个左右，拔节期增加到 4 个左右，孕穗期降至 1 个以内。大多数品种的单株绿叶数都以冬前最多，平均 9 个左右，拔节期减少，平均 6 个左右，孕穗期最少，平均 4 个左右。所有长麦品种的倒二叶宽均随生育进程推进而逐渐增长，但晋麦和对照品种的倒二叶宽有的是冬前最宽，有的是孕穗期最宽。

二、产量性状分析

表 3-14 表明，11 个品种的穗长平均在 7.27 cm 以上；晋麦 72、晋麦 73 和山农 129 的收获总穗数平均在 60 万穗/hm² 左右且差异不显著（$P>0.05$），其余品种的总穗数低于 500 万穗/hm²，尤其晋麦 61 和长麦 4640 在晋中麦区当年种植后成穗不足 200 万穗/hm²；除山农 129 和长麦 6135 的穗粒数低于 28 粒外，其余品种的穗粒数均达到 30 粒以上，尤其晋麦 73、晋麦 79、长麦 4640、长麦 6359 和长麦 6686 的穗粒数达到 39 粒；11 个品种的穗粒重在 1.56~2.08 g，其中，晋麦 79 的穗粒重最大，超过 2.00 g，长麦 6686 的最小，为 1.56 g；除晋麦 73 和长麦 6686 的千粒重最小且不足 40.00 g 外，其余品种的千粒重均达到 40.00 g 以上，以山农 129 的千粒重最大，为 48.45 g，其次是晋麦 54、晋麦 61、晋麦 72 和长麦 4640 的千粒重近 45.00 g；籽粒收获测产后，11 个品种中只有晋麦 72 和山农 129 实际产量达到 6300 kg/hm² 以上，晋麦 61 和长麦 4640 的产

量最低，不足 1200 kg/hm²。测产后换算出各品种理论产量，发现籽粒实际产量均低于理论产量，所以产量的提高仍是后期研究的目标。对穗数、穗粒数、穗粒重、千粒重及籽粒产量 5 个因素进行相关分析，得出结论，总穗数（$r = 0.9016^{***}$）对产量贡献最大，是籽粒产量主要影响因素，其次是千粒重（$r = 0.3037$），再次是穗粒重（$r = 0.0560$），穗粒数对产量呈负相关（$r = -0.2444$）。因此，提高小麦成穗数可以有效提高小麦产量。

表 3-14　小麦品种在晋中麦区的产量及产量结构比较（$N=3$）

品种	穗长 （cm）	穗粒数 （个）	穗粒重 （g）	千粒重 （g）	总穗数 （万穗/hm²）	籽粒产量 （kg/hm²）	理论产量 （kg/hm²）
晋麦 54	7.20bcde	32.70def	1.61b	44.45ab	393.83cd	4988.03b	5724.38
晋麦 61	6.57ef	31.97ef	1.83ab	44.29ab	127.25e	1042.60e	1801.80
晋麦 72	6.95def	33.63cde	1.65b	44.12ab	640.55a	6363.32a	9504.20
晋麦 73	7.47abcd	48.53a	1.70ab	36.83bc	585.45a	4052.00c	10464.10
晋麦 79	7.93ab	46.57ab	2.08a	40.27bc	385.85cd	4914.60b	7236.13
长麦 4640	7.83abc	40.53bcd	1.78ab	44.29ab	167.07e	1165.84e	2999.03
长麦 6359	7.15cdef	40.93abc	1.73ab	40.00bc	319.06d	2671.67d	5233.96
长麦 8302	7.18bcde	33.80cde	1.62b	42.43abc	474.71b	4664.49b	6807.98
长麦 6135	6.43f	17.97g	1.70ab	41.92abc	413.20bc	4116.16c	3112.65
长麦 6686	8.08a	39.23bcde	1.56b	35.10c	337.69cd	2499.23d	4649.90
山农 129（CK）	7.35abcd	25.55f	1.89ab	48.45a	641.82a	6451.70a	7945.07

图 3-5 是小麦籽粒产量的聚类图，由图 3-6 可以看出，将 11 个小麦品种分为 3 类，第一类仅有晋麦 72 和山农 129，产量在 6300 kg/hm² 以上；第二类包括晋麦 54、

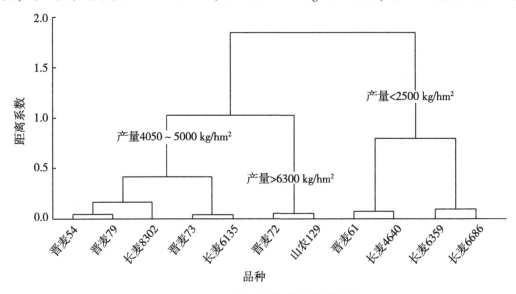

图 3-5　不同小麦品种籽粒产量的聚类

晋麦 73、晋麦 79、长麦 8302 和长麦 6135，它们的产量在 4050~5000 kg/hm²；第三类有晋麦 61、长麦 4640、长麦 6359 和长麦 6686，产量低于 2500 kg/hm²。

三、籽粒品质性状差异

供试的 11 个小麦品种在晋中冬麦区种植收获的籽粒品质性状见表 3-15。晋麦 61 和长麦 6135 的水分含量低于对照，其余所有品种的水分含量均显著高于对照（P< 0.05），且都大于 13.00%；晋麦 54、晋麦 72、晋麦 79、长麦 8302 和长麦 6686 的蛋白质含量显著高于对照（P<0.05），其中晋麦 54 和晋麦 79 的蛋白质含量大于 15.00%；11 个品种的湿面筋含量平均在 29.00% 左右，其中晋麦 72、晋麦 79 和长麦 6686 的湿面筋含量均大于 30.00%，且显著高于对照（P<0.05）；11 个品种中晋麦 54 和晋麦 79 的吸水率最低，不到 55.00%，晋麦 73 的吸水率最高，超过 59.00%，长麦 4640、长麦 6686、晋麦 72 和晋麦 73 的吸水率高于对照，且晋麦 73 显著高于对照（P<0.05）；长麦 4640、长麦 6359 和晋麦 72 的形成时间低于对照且低于 3.00 min，晋麦 73 和晋麦 79 的形成果间显著高于对照（P<0.05），且均在 3.50 min 左右；11 个品种的延展性和沉降值，山农 129 最高，数值分别是 134.33 mm 和 26.50 mL，晋麦 72、晋麦 79 和长麦 8302 的延展性与对照接近，其余品种均显著低于对照（P<0.05），晋麦 54 的延展性显著低于其他各品种（P<0.05），长麦 4640 和长麦 6686 的沉降值最低，不足 7.00 mL，且显著低于其他各品种（P<0.05）；5 个晋麦品种除晋麦 61 外，其余品种的稳定时间均达到 10.00 min，而 5 个长麦品种的稳定时间显著低于对照（P<0.05）；11 个品种的容重除晋麦 72 外，其他品种均达到 750.00 g/L，其中晋麦 54 的最大，达到 800.00 g/L，晋麦 72 和长麦 6686 的容重与对照差异不显著（P>0.05），其余的晋麦和长麦品种容重与对照差异显著（P<0.05）。面团性质的好坏可从吸水率（张先和等，2000）、延展性（雷钧杰和宋敏，2007）、形成时间和稳定时间 4 个方面来判断，所以得出晋麦 72、晋麦 79 和长麦 8302 面团性质表现良好，对当地品种山农 129 具有良好的改良作用。

表 3-15　小麦品种籽粒品质性状比较（N=3）

品种	水分（%）	蛋白质（%）	湿面筋（%）	吸水率（%）	形成时间（min）	延展性（min）	沉降值（mL）	稳定时间（min）	容重（g/L）
晋麦 54	13.41ab	15.12ab	29.22cde	52.77h	3.20bcd	85.33e	20.30abcd	10.70ab	801.79a
晋麦 61	12.37cd	13.64ef	28.63ef	57.30cde	3.20bcd	120.60c	13.10d	9.70c	757.93d
晋麦 72	13.05b	14.61bc	30.93bc	58.93ab	2.87d	133.67a	14.33cd	10.57ab	748.76f
晋麦 73	13.29ab	13.11ghf	27.39ef	59.30a	3.43b	125.33b	23.57ab	10.08bc	753.40e
晋麦 79	13.37ab	15.59a	32.30ab	54.20g	3.83a	133.00a	19.03bcd	10.17abc	760.05d
长麦 4640	13.48a	12.80h	27.32ef	58.60ab	2.47e	115.00d	6.43e	8.86d	754.01ab
长麦 6359	13.49a	13.58efg	28.55ef	56.93de	2.97d	126.33b	15.87cd	9.00d	763.30ab
长麦 8302	13.13ab	14.36cd	30.61bcd	55.83f	3.20bcd	133.00a	21.60abc	8.69d	770.77b
长麦 6135	12.15d	12.97gh	27.11f	56.60ef	3.33bc	120.00c	19.53abcd	7.71e	754.34e

品种	水分（%）	蛋白质（%）	湿面筋（%）	吸水率（%）	形成时间（min）	延展性（min）	沉降值（mL）	稳定时间（min）	容重（g/L）
长麦 6686	13.18ab	14.50bcd	32.85a	58.07bc	3.13bcd	118.67c	5.83e	8.83d	751.84ef
山农 129（CK）	12.62c	13.85de	28.98def	57.87bcd	3.07cd	134.33a	26.50a	10.82a	749.19f

对供试 11 个小麦品种籽粒的蛋白质、湿面筋数值进行最短距离聚类，如图 3-6 所示，11 个小麦品种可分为 5 类：第一类为高蛋白质（≥14.00%）且高湿面筋（≥32.00%）品种晋麦 79 和长麦 6686；第二类为高蛋白质且中湿面筋（30.00% ~ 32.00%）品种晋麦 72 和长麦 8302；第三类为高蛋白质且低湿面筋（<30.00%）品种晋麦 54；第四类为中蛋白质（13.20% ~ 14.00%）且低湿面筋品种晋麦 61、山农 129 和长麦 6359；第五类为低蛋白质（<13.20%）且低湿面筋品种晋麦 73、长麦 4640 和长麦 6135。制作优质面包必须使用强筋小麦，且籽粒硬度大、蛋白质含量高、吸水率高、延展性好，因此，除山农 129 外，就其他 10 个品种在晋中麦区种植的品质表现而言，晋麦 72、晋麦 79、长麦 8302 和长麦 6686 可用于制作面包。

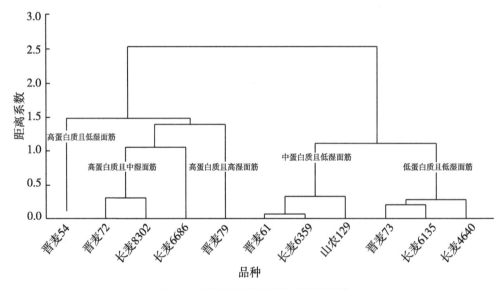

图 3-6　不同小麦品种籽粒产量的聚类

四、讨论与结论

本试验对 5 个晋麦品种、5 个长麦品种及当地品种山农 129 在晋中冬麦区种植后的农艺性状、产量和品质性状进行了调查研究。分析结果表明，冬前各品种生长发育良好。统计 2010 年 9 月的天气情况，一个月期间有 12 d 以上都是小到中雨，有效降水量较多，小麦播种后出苗状况好，并且有利于小麦幼苗越冬前分蘖生长，晋麦品种的主茎分蘖数与长麦品种相当，为 3 个左右。比较而言，山西中部地区育成的长麦品种的株高、单株绿叶数及干重均高于山西南部地区育成的晋麦品种，说明长麦品种在晋中麦区生长发育速度更快。经过越冬期至拔节期，各品种的株高、倒二叶长及单株干重均继续增加，但单株绿叶数有所减少，另外，晋麦品种的主茎分蘖数骤降至不足 1 个，而长麦品种的主茎分蘖数有 4 个左右，但晋麦品种的次生根数较长麦品种多。说明晋麦品种在晋中麦区的冬性不及长麦品种，但其抗旱性可能更好。长麦品种保留了本品种在长治地区种植的特点——分蘖能力强，长麦品种这一优良特性可用于改良晋中当地品种特性以提高成穗数。小麦的生长发育高速期是拔节期到抽穗期。从拔节期到孕穗期，各品种的株高、倒二叶长及单株干重均持续增加，但长麦品种的株高明显低于晋麦品种。据山西气象数据表明，从 2011 年 2 月 4 日立春到 3 月 28 日，晋中地区温度偏低且伴有西北风，11 个供试品种的绿叶数均受冷空气影响有所减少，再者，3 月 22 日到 4 月 18 日（拔节期）近 30 天几乎都是艳阳高照无降雨，使得小麦受到干旱与低温冷害的双重胁迫，因而株高受到抑制。小麦的产量是农艺性状与环境条件的综合表现，农艺性状间的协调性也影响产量的形成（田纪春等，2006）。气候变化不仅会对小麦的生长发育产生影响，还会影响小麦的产量（张丽英等，2014）。受当地低温气候的影响，供试 11 个品种在拔节期的分蘖数不足，影响小麦成穗数，只有晋麦 72、晋麦 73 和山农 129 的收获总穗数大于 585 万穗/hm^2，其他品种的总穗数较低。由于 2011 年 4 月 18 日到 5 月 4 日（孕穗期）太谷县降水量极少，增加了小麦不孕小穗，导致本地品种山农 129 的穗粒数仅为 25.55 粒，但晋麦 73、晋麦 79、长麦 4640 和长麦 6359 的穗粒数大于 40.00 粒，可以作为改良当地品种穗粒数的依据。由于晋中麦区小麦从抽穗到收获成熟的时间长达 1 月有余，此期光热资源充足，利于灌浆进程和粒重的提高，因此，本试验中千粒重普遍较高，尤其当地品种山农 129 的千粒重达到 48.45 g。小麦产量由穗数、穗粒数和千粒重多种性状共同作用决定（陈华萍等，2006）。胡承霖和姚孝友（1991）认为产量的提高应着重于千粒重和穗粒数的增加。本试验研究表明，总穗数（$r = 0.9016^{***}$）对产量贡献最大，且高度显著，其次是千粒重（$r = 0.3037$），再次是穗粒重（$r = 0.056$），穗粒数（$r = -0.2444$）对产量的增加有抑制作用，显著负相关，这一研究成果与前人研究相符（王志芬等，2001；田纪春等，2005）。小麦播种后给予充足水肥，在保证一定基本苗的基础上，结合大气降水进行合理的水肥搭配，可以提高有效成穗率，稳定穗粒数，提高千粒重，从而提高小麦产量。

籽粒蛋白质、淀粉及面团粉质特性可作为评价专用小麦品质的重要指标（张翼等，2014）。加工面包、制作膨松油炸制品和意大利面所用的是强筋小麦粉；中筋小麦粉适宜加工馒头、面条；弱筋小麦面筋强度低，可用来制作各式蛋糕、饼干等食品。对供试的 11 个小麦品种的蛋白质和湿面筋聚类分析，筛选出蛋白质含量大于 14.00%、湿面筋含量大于 32.00% 的品种，长麦 6686 和晋麦 79 符合国家强筋小麦标准，但长麦 6686 的沉降值偏低不适于制作面包；长麦 8302 和晋麦 72 的蛋白质含量大于 14.00%，湿面筋含量大于 30.00%，符合国家中筋小麦标准，可作为粮食供人们食用。因此，在晋中地区种植这些晋麦和长麦品种，筛选出它们的优质品质，对当地小麦品种具有一定的改善作用，并且有利于面包加工产业的发展。

5个晋麦品种和5个长麦品种在晋中冬麦区种植后，从农艺性状整体来看，长麦品种植株生长快，分蘖能力强，干物质积累多，抗寒性好；晋麦品种的次生根数多。从籽粒产量和品质性状来看，半数小麦品种的品质性状优于山农129，相对而言，晋麦72为高蛋白质（≥14.00%）、中湿面筋（30.00%~32.00%）的高产（>6300 kg/hm²）品种，晋麦79为高蛋白质、高湿面筋（≥32.00%）的中产（4050~5000 kg/hm²）品种，长麦8302为高蛋白质、中湿面筋（30.00%~32.00%）的中产品种，长麦6686为高蛋白质、高湿面筋的低产（<2500 kg/hm²）品种，晋麦54为高蛋白质、低湿面筋（<30.00%）的中产品种，山农129为中蛋白质（13.20%~14.00%）、低湿面筋的高产品种，长麦6359和晋麦61为中蛋白质、低湿面筋的低产品种，长麦6135和晋麦73为低蛋白质（<13.20%）、低湿面筋的中产品种，长麦4640为低蛋白质、低湿面筋的低产品种。晋麦79的单穗粒重最大，基于小麦单穗粒重与产量的相关性，晋麦79在晋中地区种植对改良当地品种提高产量有一定影响力。长麦6686和晋麦79符合国家强筋小麦标准，尤其晋麦79不仅蛋白质、湿面筋含量高，而且面团形成时间长，延展性长，沉降值大，品质性状好，对改良当地品种籽粒品质具有一定的潜力。综上所述，晋麦72、晋麦79、长麦8302可以针对性提高山西晋中地区小麦植株的生态适应性及籽粒品质性状，对改良晋中地区小麦植株及籽粒品质具有一定意义。

第四节　黄淮麦区优质小麦品种在晋中麦区晚播的产量与品质性状分析

本节的研究内容见第二章第一节第四部分；指标测定方法见第二章第二节；数据处理与统计分析方法见第二章第三节。

一、产量性状分析

本试验中，供试的6个小麦品种与对照品种成熟期的产量及产量结构见表3-16。除山农129外，供试的6个黄淮麦区小麦品种在晋中麦区晚播后，均成穗数不足（<600万穗/hm²）；除舜麦1718D和豫麦34的穗粒数仅24.8~26.9粒外，其余品种的均在28粒以上；所有品种的千粒重均在42 g以上，豫农416和豫麦34的甚至达50 g以上。最终收获的籽粒产量，以豫麦18和山农129这两个品种最高，达到6000 kg/hm²以上，舜麦1718D最低，仅3555 kg/hm²。对本试验中穗数、穗粒数、千粒重及籽粒产量4个因素进行相关分析表明，对籽粒产量贡献最大的是穗数（$r=0.79198^*$），其次是穗粒数（$r=0.56089$），千粒重对产量贡献最小（$r=0.02885$）。通过产量聚类（图3-7），将7个品种划分为三类：山农129（CK）、豫麦18和豫麦34为

第一类，产量在 5800 kg/hm² 以上；豫农 416、豫麦 70 和舜麦紫秆为第二类，产量在 4300~5200 kg/hm²；舜麦 1718D 为第三类，产量低于 4000 kg/hm²。

表 3-16 不同小麦品种产量及产量结构比较 （N=9）

调查指标	豫农 416	豫麦 34	豫麦 70	豫麦 18	舜麦紫秆	舜麦 1718D	山农 129 （CK）
穗数 （万穗/hm²）	407.2e	551.0b	398.1e	505.3c	463.3d	395.5e	714.9a
穗粒数 （粒）	29.1ab	26.9ab	31.3a	30.2ab	29.2ab	24.8b	30.4ab
千粒重 （g）	55.6a	51.2ab	44.2dc	42.3d	47.8bc	43.7dc	49.6b
籽粒产量 （kg/hm²）	4659.7de	5891.9bc	5176.3dc	6421.5ab	4304.4e	3555.2f	6695.8a
理论产量 （kg/hm²）	6584.3	7576.3	5507.3	6450.1	6450.5	4289.2	10772.3

注：同行不同小写字母，表示同一指标不同品种间差异显著（$P<0.05$），本节余同。

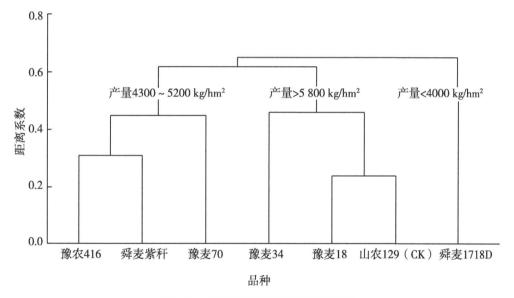

图 3-7 不同小麦品种籽粒产量的聚类

二、品质性状差异

表 3-17 为供试品种在晋中晚播并收获后的籽粒品质及引进时的原籽粒品质。在晋中晚播后，7 个品种的水分含量平均在 13% 左右，容重及稳定时间差异不显著（$P>0.05$）。与山农 129 比较，6 个引进品种的蛋白质含量、湿面筋含量及形成时间均显著高于山农 129（$P<0.05$）；沉降值除舜麦紫秆低于山农 129 外，其余 5 个品种的也均高

于山农 129。面筋是小麦蛋白质存在的一种特殊形式，小麦面粉之所以能加工成种类繁多的食品，就在于它具有面筋，面筋强度越大，面粉的烘烤品质越好（Barbe，1988），这几个引进品种的面筋含量均显著高于对照山农 129。另外，在延展性指标上，4 个豫麦品种与舜麦 1718D 同样显著高于山农 129（P<0.05）。单就面团性质而言，从吸水率（张先和等，2000）、形成时间、稳定时间和延展性（于光华等，1995）4 个方面来说，舜麦 1718D 要比其他几个小麦品种好。

表 3-17　不同小麦品种籽粒品质性状比较（N=9）

产地	籽粒品质指标	豫农 416	豫麦 34	豫麦 70	豫麦 18	舜麦紫秆	舜麦 1718D	山农 129（CK）
晋中	水分（%）	13.18a	12.77b	13.22a	13.26a	12.95ab	13.28a	13.07ab
	蛋白质（%）	17.91b	17.36c	17.55bc	16.73d	19.68a	17.28c	15.90e
	湿面筋（%）	32.29b	32.08b	31.78b	30.91b	36.35a	31.93b	28.54c
	吸水率（%）	58.84abc	57.59c	57.58c	58.33bc	59.68ab	60.37a	57.10c
	形成时间（min）	3.64bc	3.95abc	3.89abc	3.52c	4.34a	4.12ab	2.99d
	延展性（mm）	156.92a	152.67ab	144.42bc	144.58bc	160.89a	127.33d	135.97cd
	沉降值（mL）	31.09a	26.19ab	25.52ab	29.70a	29.80a	16.98b	24.46b
	稳定时间（min）	10.93a	10.66a	9.34b	9.79b	10.88a	11.00a	10.51a
	容重（g/L）	914.69a	911.19a	914.78a	922.61a	923.63a	918.42a	910.97a
原产地	水分（%）	11.64c	11.98b	12.17a	11.30d	10.00e	9.74f	
	蛋白质（%）	14.71d	17.28a	16.34c	14.45e	17.20b	17.18b	
	湿面筋（%）	29.09c	33.73a	31.16b	29.10c	32.77a	33.32a	
	吸水率（%）	57.27ab	58.53a	56.80b	56.53b	57.70ab	58.40a	
	形成时间（min）	2.57c	3.50ab	3.33b	2.00d	3.63a	3.53a	
	延展性（mm）	163.33b	167.33a	157.33c	149.33d	156.67c	140.33e	
	沉降值（mL）	17.63b	19.43ab	25.33a	8.40c	16.57b	3.83c	
	稳定时间（min）	8.41c	10.07a	8.14d	7.68f	7.94e	8.59b	
	容重（g/L）	882.51b	881.92bc	880.45bc	874.89c	895.08a	893.00a	

本试验中，供试 7 个品种的蛋白质含量均达到 15% 以上，为高蛋白品种，而湿面筋含量品种间强弱不同。若以蛋白质和湿面筋含量为指标可将 7 个品种划分为 3 类（图 3-8）：第一类包括超高蛋白质（19.68%）且高度强筋（36.35%）品种舜麦紫秆；第二类包括高蛋白质（17%~18%）且高湿面筋（31%~33%）品种豫农 416、豫麦 34、舜麦 1718D 和豫麦 70；第三类包括中蛋白质（16%~17%）且中湿面筋（30%~31%）品种豫麦 18；第四类包括低蛋白质（<15.90%）且低湿面筋（28.54%）品种山农 129（CK）。结合图 3-8 产量聚类，本试验中，在晋中麦区晚播种植后，获得高蛋白质且高湿面筋的相对高产（>5800 kg/hm²）品种是豫麦 34，中蛋白质且中湿面筋的相对高产品种是豫麦 18，低蛋白质且低湿面筋的相对高产品种是当地品种山农 129（CK）；获得高蛋白质且高湿面筋的相对中产（4300~5200 kg/hm²）品种是豫农 416 和舜麦紫秆，高蛋白质且中湿面筋的相对中产品种是豫麦 70；舜麦 1718D 则为高蛋白质

且中湿面筋的低产品种（<4000 kg/hm²）。

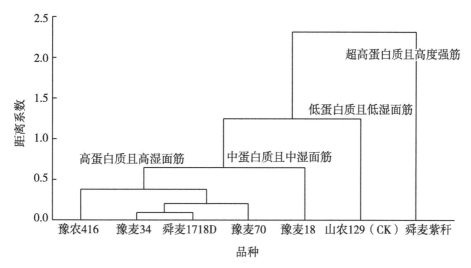

图 3-8　不同小麦品种籽粒蛋白质和湿面筋含量的聚类

　　与原品种的品质比较，在晋中晚播种植后，6 个引进品种除延展性较原品种降低外，其余各项指标均不同程度地有所提高，特别是在蛋白质含量、容重（韩巧霞等，2008）、稳定时间、沉降值上表现得尤为明显。说明在晋中晚熟冬麦区种植后，引进品种的出粉率（即容重指标）明显提高，面包烘烤品质明显改善。引进品种对改良当地品种有一定的意义。

三、讨论与结论

　　小麦的产量和品质差异与许多复杂的生理生化过程相关，它不仅受到基因的影响，环境条件和栽培措施也起到至关重要的作用（王立秋，1996）。不同的小麦品种对环境条件和栽培措施的要求不同。前人认为了解小麦性状表现，对小麦的科研与生产，尤其在异常气候条件下小麦的生产具有一定的理论及实际意义，并对不同类型小麦品种在不同地区、不同播期的性状表现进行了研究（曹广才等，1989；曹广才等，1990；曹广才和吴东兵，1992；吴东兵等，1994）。本研究为拓宽山西省优质小麦资源，在前人研究的基础上，以山西农业大学育成品种山农 129 为对照，对 6 个来自黄淮麦区的优质品种收获后的产量性状及品质性状等方面进行了调查研究。结果表明，6 个引进品种在晋中麦区晚播种植，其收获产量大多未达到 6000 kg/hm²。由于 2010 年 10 月 25 日至 2011年 2 月 25 日秋冬春三季连续超过 120 d 无有效降水，且春季气温偏低，导致晋中小麦普遍生育期推迟，与 2009 年同期相比推迟 10~15 d，从而影响了幼穗分化、穗数形成。本试验中，供试的 7 个小麦品种均在 10 月 15 日播种，受干旱低温影响，冬前茎蘖不足，春季返青拔节迟（3 月 20 日左右返青，4 月 9 日前后起身，4 月 20 日基本进入拔节期，5 月 3—8 日进入孕穗期，5 月 11—20 日进入抽穗期，7 月 2 日收获），茎蘖生长亦不足，因此成穗数不足，除山农 129 收获穗数达到 714.9 万穗/hm² 外，其余品种均不足 600 万穗/hm²。由于进入孕穗期后，晋中麦区降雨充足，利于保花增粒，提高穗粒数，因此在穗数不足的基础上粒数有所补偿，供试品种的穗粒数大多在 28 粒以上（仅舜麦 1718D 和豫麦 34 低于 28 粒）。进入灌浆期后，充足的光照和适当的降水，利于灌浆进程的进行和粒重的提高，因此，供试 7 个品种的千粒重平均在 40 g 以上。单穗产量性状主要由穗粒数、小穗数、穗粒重决定，群体产量性状主要由单位面积成穗数、穗粒数及千粒重决定（孙本普等，2004）。资料显示，部分供试品种在适宜麦区推广的最佳产量结构（成穗数、穗粒数、千粒重）平均如下：豫农 416 成穗数 570 万穗/hm²，穗粒数 34.6 粒，48.6 g；豫麦 34 成穗数 600 万穗/hm²，穗粒数 28 粒，千粒重 45 g；豫麦 70 成穗数 600 万穗/hm²，穗粒数 35 粒，千粒重 42 g；豫麦 18 成穗数 555 万穗/hm²，穗粒数 30 粒，千粒重 40 g；舜麦 1718D 成穗数 639 万穗/hm²、穗粒数 42.9 粒、千粒重 39.5 g。可见，这 6 个来自黄淮麦区的小麦品种在晋中麦区晚播，可以形成一定的粒重，限制其产量形成的关键因子是成穗数和穗粒数。Dias（2009）研究表明，千粒重对最终产量贡献较大。但本试验的相关分析表明，就不同品种而言，最终产量的形成更大程度上取决于成穗数（$r=0.79198^*$），其次是穗粒数（$r=0.56089$）。而成穗数和穗粒数的形成则既取决于品种自身的遗传性（如冬性强弱、分蘖能力、抗寒性、抗旱性），也取决于品种对栽培措施的适应性（如播期早晚、播量高低）等，本研究团队将在后续试验进行栽培措施（如播期播量、肥水运筹等）对黄淮麦区小麦品种生育特性影响的研究。

品质育种是小麦品质改良最经济有效的途径（Gianibelli 等，2002），衡量小麦品质的标准主要取决于籽粒或面粉的最终用途。现阶段北方麦区品质育种的主攻对象是选育高蛋白强筋型面包小麦品种。本试验中，所有供试品种的蛋白质含量均达到 15% 以上。其中舜麦紫秆、豫麦 34 和豫农 416 的湿面筋含量≥32%，达到强筋标准；除山农 129 外，其余品种皆达到中筋标准（30%~32%）。与原品种品质比较，豫农 416、豫麦 70、豫麦 18 和舜麦紫秆在晋中麦区种植后，蛋白质和湿面筋含量均较原产地略有提升；豫麦 34 和舜麦 1718D 的蛋白质含量较原产地略有提升，但湿面筋含量略有降低。另外，除延展性指标外，籽粒容重、面粉吸水率、面团形成时间、稳定时间及沉降值等指标也均不同程度地有所提升。可见，晋中麦区更适合发展强筋、中筋小麦，就品质而言，本试验引进的 4 个豫麦品种和 2 个舜麦品种均有改良当地品种籽粒品质的潜力。

6 个黄淮麦区的育成品种在晋中麦区晚播种植，其品质优于当地育成品种山农 129，但产量表现各异。相对而言，豫麦 34、豫农 416 和舜麦紫秆为高蛋白质（>17%）、高湿面筋（≥32%）品种，豫麦 34 为高产（>5800 kg/hm²）品种，豫农 416 和舜麦紫秆为中产（>4300 kg/hm²）品种；豫麦 70 和舜麦 1718D 为高蛋白质、中湿面筋（30%~32%）品种，前者中产，后者低产（<4000 kg/hm²）；豫麦 18 为中蛋白质（>16%）、中湿面筋的高产品种；当地品种山农 129 则为低蛋白质（<16%）、低湿面筋

（<30%）的高产品种。豫麦 34 和豫麦 18 对改良山西小麦籽粒品质具有一定的意义。

第五节 彩色小麦品种在晋中麦区的产量与品质性状分析

本节的研究内容见第二章第一节第五部分；指标测定方法见第二章第二节；数据处理与统计分析方法见第二章第三节。

一、产量性状分析

小麦产量是由单位面积穗数、穗粒数和千粒重 3 个因素共同作用的（孙本普等，2004）。对本试验供试的 9 个彩色小麦品种及对照品种山农 129 成熟期考种，产量及其结构见表 3-18。

表 3-18 彩色小麦品种在晋中麦区的产量及其结构比较 （N=9）

品种	穗长（cm）	小穗数（万穗/hm²）	穗粒数（个）	千粒重（g）	总穗数（万穗/hm²）	籽粒产量（kg/hm²）	理论产量（kg/hm²）
晋麦 13	9.20ab	17.85ab	42.40bc	37.15d	371.21	4166.67d	5847.15
晋麦 67	6.48e	16.15bc	34.20cd	54.93a	316.67	5257.58b	5948.98
晋麦 84	7.28d	15.40cd	29.50d	44.31bc	385.31	4969.69c	5035.25
黑小麦 031244	7.83cd	18.33a	50.33ab	28.79cd	100.00	1072.29g	1449.00
202W22	8.67b	17.33ab	46.67ab	39.08cd	295.45	2051.67f	3895.29
201W22	7.50d	17.67ab	50.00ab	40.78cd	386.36	4224.39d	7877.88
204W17	9.83a	18.00a	55.33a	28.01e	225.76	2001.51f	3498.81
203W2	8.50bc	17.00abc	43.00bc	30.05e	286.36	3629.39e	3700.20
农大 3753	5.83e	13.00e	29.00d	30.75e	46.97	200.61h	4188.55
山农 129（CK）	7.35d	14.05de	25.55d	48.45b	678.85	6665.70a	8403.47

注：同行不同小写字母，表示同一指标不同品种间差异显著（$P<0.05$），本节余表同。

由表 3-18 得知，山农 129 的总穗数（>600 万穗/hm²）明显高于其他 9 个小麦品种，这 9 个品种在晋中麦区播种后，均成穗数不足；山农 129、晋麦 84 和山农 3753 的穗粒数仅 25.50~29.50 粒，而其余品种均在 30 粒以上；相对于千粒重而言，只有晋麦 67 达到 50 g 以上，其次分别为山农 129（48.45 g）及晋麦 84（44.31 g），其他品种在 28.56~40.78 g。籽粒收获的产量，以山农 129 的最高，达 6600 kg/hm² 以上，黑小麦 031244 和农大 3753 的产量最低，不到 500 kg/hm²。对穗数、穗粒数、千粒重及籽粒产量 4 个因素进行相关分析，由表 3-19 得知，本试验中，穗数（$r=0.912^{***}$）对籽粒产量贡献最大，其次是千粒重（$r=0.794^{**}$），穗粒数对产量显负相关（$r=-0.437$）。上述结果表明，穗数是产量的主要制约因素。通过产量聚类（图 3-9），将 10 个品种划分为三类：山农 129（CK）为第一类，产量在 6600 kg/hm² 以上；晋麦 13、201W22、

203W2、晋麦67、晋麦84为第二类，产量在3600~5300 kg/hm²；黑小麦031244、农大3753、202W22、204W17为第三类，产量低于2100 kg/hm²。

表3-19 穗数、穗粒数、千粒重、籽粒产量4因素的相关分析

调查指标	相关系数			
	穗数	穗粒数	千粒重	籽粒产量
穗数	1.000	−0.368	0.664*	0.912***
穗粒数		1.000	−0.560	−0.437
千粒重			1.000	0.794**
籽粒产量				1.000

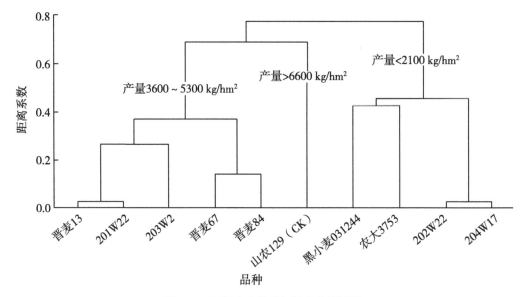

图3-9 不同小麦品种籽粒产量的聚类

二、品质性状差异

从表3-20彩色粒小麦品种在晋中种植并收获后的籽粒品质指标可以看出，10个品种的水分含量平均为13.06%，而蛋白质、湿面筋、延展性及容重差异显著程度不同（$P>0.05$）。与山农129比较，仅有农大3753的水分含量较低，其余的均高于对照；就蛋白质而言，仅有晋麦84、204W17和农大3753的蛋白质含量显著低于对照（$P>0.05$），其余都高于对照；在湿面筋方面，只有晋麦84、204W17及202W22低于对照，其余品种均高于对照，且品种间的湿面筋含量差异显著（$P>0.05$）；对于吸水率、形成时间及稳定时间3个品质性状，9个彩色小麦品种，仅有少部分小麦品质的性状值高于对照。201W22、203W2、农大3753的延展性高于对照，其余的品种均低于对照；在沉降值及容重方面，近半数的品种高于对照。面团性质的好坏可从吸水率（张先和等，

2000)、形成时间、稳定时间和延展性（雷钧杰和宋敏，2007）4 个方面来判断，201W22 的面团性质明显比其他几个有色小麦品种好。优质面包麦必须是强筋小麦，此外，还要求小麦籽粒硬度大，蛋白质含量高，吸水率高，延展性好等，所以 201W22、204W17、203W2 三个黑色小麦品种适合做面包，并且黑色小麦对人体健康有益，因此这些黑色小麦具有很高的经济价值。

表 3-20 彩色小麦品种籽粒品质性状比较（N=9）

品种	水分（%）	蛋白质（%）	湿面筋（%）	吸水率（%）	形成时间（min）	延展性（mm）	沉降值（mL）	稳定时间（min）	容重（g/L）
晋麦 13	13.63a	15.52a	31.42b	56.53de	4.43a	123.67e	31.10ab	10.26c	829.79a
晋麦 67	12.64d	15.06b	32.81a	60.00a	4.13b	133.67c	24.63ab	9.57e	801.03b
晋麦 84	13.55ab	13.05f	25.84f	54.60g	2.97c	113.67g	28.80ab	9.13g	801.55b
黑小麦 031244	13.16c	14.80bc	31.76b	56.03ef	2.67de	130.33d	18.20b	9.44f	760.66g
202W22	13.50b	13.99d	29.24de	56.80cde	2.70d	126.67e	25.73ab	9.43f	787.36d
201W22	13.11c	15.15b	32.73a	58.20b	2.23f	148.00a	28.6ab	11.41a	771.32f
204W17	13.46b	13.78de	28.91e	57.43bcd	2.47e	117.33f	23.63ab	9.80d	794.89bc
203W2	13.12c	14.46c	30.45c	57.17bcde	1.93a	142.33b	34.40a	10.33c	767.67fg
农大 3753	12.24e	13.42e	29.77cd	55.10fg	1.90g	145.00ab	20.90b	9.72d	779.41e
山农 129（CK）	12.62d	13.85d	28.97e	57.87bc	3.07c	134.33c	26.50ab	10.82b	789.97cd

对蛋白质和湿面筋含量进行聚类分析，可将 10 个品种划分为 3 类（图 3-10）：第一类高蛋白质（≥14%）且高湿面筋（≥32%）品种包括晋麦 67 和 201W22；第二类

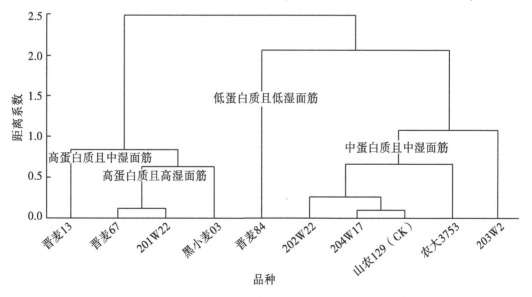

图 3-10 不同小麦品种籽粒蛋白质和湿面筋含量的聚类

高蛋白质且中湿面筋（28%~32%）品种包括晋麦 13、黑小麦 031244 及 203W2；第三类中蛋白质（>13.05%）且中湿面筋品种包括 202W22、204W17、农大 3753 及山农 129；第四类低蛋白质（≤13.05%）且低湿面筋（≤28%）品种仅有晋麦 84。结合图 3-9 产量聚类，9 个彩色小麦品种在晋中麦区晚播种植后，获得高蛋白质（≥14%）且高湿面筋（≥32%）的相对高产品种是晋麦 67，相对中产品种是 201W2；高蛋白质且中湿面筋的中产品种是晋麦 13、203W2，低产品种是黑小麦 031244；中蛋白质且中湿面筋的相对高产品种是山农 129；低蛋白质且低湿面筋品种只有晋麦 84。

9 个彩色小麦品种在晋中晚播种植后，与对照山农 129 比较，各项指标均不同程度低于或高于对照，特别是在水分含量、蛋白质含量及湿面筋含量方面大多数有色小麦品种优于对照；此外，有色小麦品种的出粉率（即容重指标）半数高于对照。说明在晋中地区种植彩色小麦对当地小麦品种的品质具有明显改善，并且有利于面包加工产业的进步。综上所述，引进有色小麦品种对改良当地品种有一定的意义。

三、讨论与结论

小麦品种的基因型、种植生态条件和栽培技术措施等综合因素作用于小麦产量和品质（雷钧杰和宋敏，2007）。由于小麦不同的基因品种，以及在不同种植环境条件下采用的不同栽培措施使得小麦产量和品质产生很大的差异。国内外许多国家对小麦品质育种和栽培技术的研究已有数百年历史，可以筛选出适宜不同地域种植的优质品种，并且为后人在小麦领域的研究奠定了一定基础（王世敬，1990）。我国从 20 世纪 80 年代开始重视对优质小麦的研究（王绍中等，1998；林作楫和揭声慧，1999），很多学者认为小麦的科研与生产与是否了解小麦性状表现有着必然的联系（曹广才等，1989；曹广才等，1990；吴东兵等，1994）。本试验筛选适宜在晋中地区种植的高产、优质彩色小麦品种，以山农 129 为对照，对 9 个色粒小麦品种成熟收获后的产量及品质等方面进行调查研究。结果表明，除山农 129 外，其他 9 个色粒小麦品种在晋中麦区种植收获的产量均未达到 6000 kg/hm²。本试验的小麦冬前第一次生长高峰期为 2011 年 9 月 25 日（秋分前后）至 12 月 7 日（大雪前后），在这不足 3 个月期间降水量偏少，且冬后初春期气温偏低，所以不利于小麦冬前干物质累积，导致籽粒不够饱满。本试验中的 10 个小麦品种均在 2011 年 9 月 25 日播种，播种后有少量降水，小麦种子出芽率高，秋雨过后温度降低影响小麦幼苗的生长，造成茎蘖不足，因此成穗不足，仅有山农 129 收获穗数达 678.85 万穗/hm²，其余品种的成穗率都很低，尤其是农大 3753，成穗数还不到 50 万穗/hm²，充分说明试验所用的色粒小麦在晋中地区播种后不易成穗。2012 年晋中地区 5 月初雨水充足，小麦正常开花授粉，提高了穗粒数。由于光照充足和降水适度，保障了小麦灌浆进程的顺利进行，使得供试的 10 个小麦品种千粒重平均在 38.23 g 以上。不同品种的产量结构特征不同，即使同一个产量水平，也会由于基因型的不同而造成产量构成模式的差异（邓昭俊，1989；傅兆麟，1998）。有的研究表明小麦产量的提高是穗粒数不断增加的结果，也有研究表明千粒重的作用最大（未文良等，2007）。然而本试验的相关分析表明，相对于不同品种，穗数（$r=0.912^{***}$）对小麦产量的形成贡献最多，其次是千粒重（$r=0.794^{**}$），穗粒数对产量无贡献且呈负相关。这一研究成果与赵倩（2011）等的研究成果相符。因此，选用成穗力强的多穗型小麦品种可作为小麦高产培育的基础（夏清等，2014）。田间试验中在出苗率一定的情况下，通过适当施肥、浇水及一系列田间管理措施，可以提高有效成穗率，稳定穗粒数，提高千粒重。

品质育种可培育出适合社会需求的新品种，而品种的价值体现在籽粒或面粉的最终用途。本试验中，供试的 10 个小麦品种近 2/3 的蛋白质含量均达到 14% 以上。其中晋麦 67、201W22 可划分为强筋小麦（湿面筋含量≥32%）；除晋麦 84 外，其余品种皆在中筋小麦标准范围内（湿面筋含量 28%～32%）。由此可见，本试验的晋麦 67、201W22、晋麦 13、203W2 可以针对性地改良当地品种籽粒湿面筋和蛋白质含量。

9 个彩色小麦品种在晋中晚播种植后，其品质大多数优于当地育成品种山农 129，但产量均低于山农 129。相对而言，晋麦 67 为高蛋白质（≥14%）、高湿面筋（≥32%）的高产（>6600 kg/hm²）品种，201W22 为高蛋白质、高湿面筋的中产（3600～5300 kg/hm²）品种；晋麦 13、203W2 则为高蛋白质、中湿面筋（28%～32%）中产品种；黑小麦 031244 为高蛋白质、中湿面筋的低产（<2100 kg/hm²）品种；当地品种山农 129 为中蛋白质（13.05%～14%）、中湿面筋的高产品种。晋麦 67、201W22、晋麦 13、203W2 可以有针对性地提高山西小麦品种籽粒的品质性状，对改良山西小麦籽粒品质具有一定的意义。

第六节 加拿大硬麦在晋麦区的产量与品质性状分析

本节的研究内容见第二章第一节第六部分。指标测定方法见第二章第二节。数据处理与统计分析方法见第二章第三节。

一、产量性状分析

试验中供试 16 个硬粒小麦品种和山农 129（CK）成熟期的产量性状表现见表3-21。产量聚类见图 3-11。表 3-21 表明，供试的 16 个硬粒小麦品种在晋中麦区晚播后，成穗数除硬粒 1 号、硬粒 2 号、硬粒 3 号、硬粒 13 号外，其余品种每公顷不低于200 万穗；穗粒数除硬粒 1 号、山农 129 和硬粒 15 号仅 27～30 粒外，其余品种均在 38粒以上；所有品种的千粒重均在 38 g 以上，硬粒 5 号、硬粒 6 号、硬粒 7 号甚至达 50 g以上。最终收获的籽粒产量，硬粒 4 号、硬粒 5 号、硬粒 6 号、硬粒 9 号、硬粒 11 号、硬粒 16 号、硬粒 17 号小麦品种均达到 4500 kg/hm² 以上，硬粒 1 号的产量最低，仅 433.2 kg/hm²。

表 3-21　17 个不同小麦品种产量及其结构比较

品种	穗数 （万穗/hm²）	穗粒数 （个）	千粒重 （g）	籽粒产量 （kg/hm²）	理论产量 （kg/hm²）
硬粒 1 号	88.3o	30.2f	41.3cd	433.2o	1101.3p
硬粒 2 号	116.7n	47.7cde	42.2cd	1571.6n	2349.1o
硬粒 3 号	123.9m	49.1abc	44.6bc	1650.4m	2713.2n
硬粒 4 号	384.9g	44.5cde	42.4bc	5779.3c	7262.3g
硬粒 5 号	504.3d	45.9bcd	50.7a	5899.8bc	11735.7a
硬粒 6 号	251.1j	51.7a	51.5a	5748.2d	6685.7h
硬粒 7 号	251.1j	48.6abc	51.0a	3156.2k	5115.8k
硬粒 8 号	211.9k	51.2a	42.9bcd	3798.2i	4654.3l
硬粒 9 号	339.8h	52.7a	42.9bcd	5100.7e	7682.3e
硬粒 10 号	247.3j	51.5a	41.8cd	3306.9j	5323.6j
硬粒 11 号	553.7c	46.3de	39.0e	5889.9b	9998.2c
硬粒 13 号	167.1l	50.0a	41.5cd	2153.1l	3467.3m
硬粒 14 号	287.5i	38.4e	46.3b	3174.3k	5111.5k
硬粒 15 号	589.5b	27.0g	40.1e	3963.1h	6382.5i
硬粒 16 号	489.1e	39.0de	40.2cd	4762.6g	7668.1f
硬粒 17 号	411.8f	50.0ab	38.2f	4885.6f	7865.4d
山农 129（CK）	714.9a	30.4f	49.6a	6695.8a	10779.5b

注：同列不同小写字母表示同一指标不同品种间差异显著（$P < 0.05$），本节余表同。

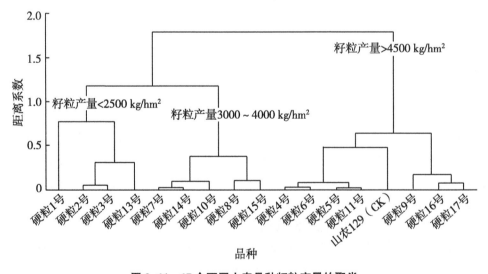

图 3-11　17 个不同小麦品种籽粒产量的聚类

对穗数、穗粒数、千粒重及籽粒产量 4 个因素进行相关分析，结果显示，穗数对籽粒产量差异显著（$r = 0.9726^{***}$），呈正相关；穗粒数对籽粒产量差异显著（$r = 0.0109^{*}$），呈正相关；千粒重对籽粒产量呈正相关。对供试品种进行产量聚类（图 3-11），将 16 个硬粒小麦品种和山农 129（CK）分为 3 类：硬粒 1 号、硬粒 2 号、硬粒 3 号、硬粒 13 号为第一类，产量在 2500 kg/hm² 以下；硬粒 7 号、硬粒 8 号、硬粒 10 号、硬粒 14 号、硬粒 15 号为第二类，产量 3000~4000 kg/hm²；硬粒 4 号、硬粒 5 号、硬粒 6 号、硬粒 9 号、硬粒 11 号、硬粒 16 号、硬粒 17 号、山农 129（CK）为第三类，产量在 4500 kg/hm² 以上。

二、品质性状差异

供试品种在晋中麦区播种收获后的籽粒品质性状见表 3-22。16 个引进品种在晋中地区播种后，稳定时间（王光瑞等，1997）除硬粒 1 号、硬粒 2 号外，其余均在 9~11 min；面团形成时间除硬粒 4 号、硬粒 5 号、硬粒 8 号、硬粒 9 号、硬粒 10 号、硬粒 11 号、硬粒 14 号在 3.9 min 以下，其余品种均在 3.9 min 以上；此外，在延展性指标上，除硬粒 4 号、硬粒 5 号、硬粒 10 号、硬粒 11 号、硬粒 16 号，其余都高于山农 129（CK），差异显著（$P < 0.05$）。吸水率（张胜爱等，2006）、稳定时间、形成时间、延展性指标显示硬粒 15 号比其他几个小麦品种表现优异。湿面筋含量除硬粒 5 号外，其余品种均在 30% 以上，因选用的试材面筋强度大，使得产品烘烤品质优良。在本试验中，选用的 16 个硬粒小麦品种和山农 129（CK）中，硬粒 4 号、硬粒 5 号、硬粒 7 号、硬粒 10 号、硬粒 11 号 5 个品种蛋白质含量较低，其余 12 个品种的蛋白质含量均达到 15% 以上，属高蛋白质品种；而湿面筋含量品种间有一定的强弱差异。若按照以上两个指标可将 16 个硬粒小麦品种和山农 129（CK）分为两类（图 3-12）：第一类为高蛋白质（≥14%）且高湿面筋（≥32%）品种，包括硬粒 1 号、硬粒 2 号、硬粒 3 号、硬粒 6 号、硬粒 8 号、硬粒 13 号、硬粒 14 号、硬粒 15 号、硬粒 16 号、硬粒 17 号；第二类为高蛋白质且中湿面筋品种，包括硬粒 4 号、硬粒 5 号、硬粒 7 号、硬粒 9 号、硬粒 10 号、硬粒 11 号及山农 129（CK）。结合图 3-12 产量聚类，则本试验中，在晋中麦区种植后，获得高蛋白强筋高产（>4500 kg/hm²）品种是硬粒 6 号、硬粒 16 号、硬粒 17 号，高蛋白中筋高产品种是硬粒 4 号、硬粒 5 号、硬粒 9 号、硬粒 11 号、中农 129（CK）；高蛋白强筋中产（>3000 kg/hm²）品种是硬粒 8 号、硬粒 14 号、硬粒 15 号；高蛋白中筋中产品种是硬粒 7 号、硬粒 10 号。

表 3-22 17 个不同小麦品种籽粒品质性状比较

品种	蛋白质（%）	湿面筋（%）	吸水率（%）	形成时间（min）	延展性（mm）	沉降（mL）	稳定时间（min）	容重（g/L）
硬粒 1 号	17.09a	37.90a	59.37abc	4.67a	148.67abc	29.57a	8.94ef	782.04de
硬粒 2 号	15.68cde	33.17ef	57.93bc	3.98abcde	139.97cdef	25.48ab	8.86f	781.28de
硬粒 3 号	15.50cde	32.98ef	58.08bc	3.93abcde	143.82bcde	26.94a	9.37def	789.09bcde
硬粒 4 号	14.22gh	30.25hi	60.10abc	3.77bcde	132.44fg	22.71abc	10.45ab	801.31ab

（续表）

品种	蛋白质 （%）	湿面筋 （%）	吸水率 （%）	形成时间 （min）	延展性 （mm）	沉降 （mL）	稳定时间 （min）	容重 （g/L）
硬粒5号	13.79h	28.77i	57.90bc	3.62de	135.06defg	29.05a	9.53cdef	792.15abcd
硬粒6号	15.77cd	32.94ef	58.15bc	4.03abcde	139.93cdef	25.15ab	9.48def	790.09abcde
硬粒7号	14.91efg	32.38efg	60.48ab	3.92abcde	142.15bcdef	23.48abc	9.62cdef	781.93de
硬粒8号	15.50cde	33.17ef	58.90abc	3.73bcde	151.61ab	23.82abc	9.71bcde	780.97de
硬粒9号	15.09def	31.58fgh	58.96abc	3.56e	148.79abc	20.87abcd	9.78bcd	780.65de
硬粒10号	14.63fg	30.62ghi	57.28c	3.67cde	134.40efg	23.58abc	9.69bcde	787.43bcde
硬粒11号	14.68fg	30.01i	58.50abc	3.74bcde	127.00g	22.31abc	10.34abc	804.91a
硬粒13号	16.09bc	34.15de	61.51a	4.53ab	137.38def	14.53cd	10.62a	801.91ab
硬粒14号	16.92a	36.44abc	60.04abc	3.56e	157.02a	17.08bcd	10.92a	775.19e
硬粒15号	16.67ab	37.31ab	60.98ab	4.37abcd	143.69bcde	12.54d	10.56a	785.16cde
硬粒16号	16.61ab	35.45bcd	59.70abc	4.47abc	135.92defg	25.40ab	11.12a	797.97abc
硬粒17号	15.88bcd	35.16cd	59.36abc	4.26abcde	144.79bcd	21.25abcd	9.75bcde	794.29abcd
山农129 （CK）	15.90	28.54	57.10	2.99	135.97	24.46	10.51	910.97
平均	15.58	32.96	59.08	3.93	141.09	22.83	9.95	796.31
CV（%）	0.97	2.72	1.21	0.37	7.77	4.74	0.67	8.91

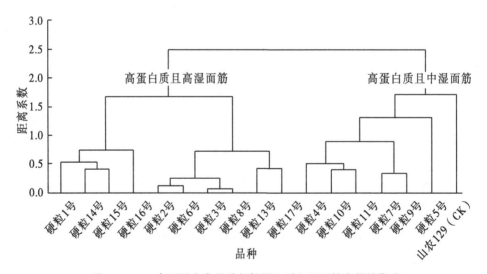

图3-12　17个不同小麦品种籽粒蛋白质和湿面筋含量的聚类

三、讨论与结论

山西省晋中地区属典型的黄土高原温带季风气候，有着得天独厚的地理优势，同时也是华北小麦主产区。影响小麦产量和品质的因素有小麦品种特性、生理生化调节机制、生态环境与栽培方式等（何中虎等，2006；张定一等，2000；孙本普等，2004；关二旗等，2010）。另外，相同品种的小麦由于灌浆期、施氮肥、抽穗时期的不同，其生长状况也有很大区别。从田纪春等（2006）的研究中可知，掌握小麦表现性状，对小麦的研究和逆境中小麦的产量具有一定的理论和实践意义。16 个硬粒小麦品种和山农 129（CK）收获产量聚类分析结果表明，硬粒 4 号、硬粒 5 号、硬粒 6 号、硬粒 9 号、硬粒 11 号、硬粒 16 号、硬粒 17 号、山农 129（CK）小麦品种籽粒产量>4500 kg/hm²，产量较高。硬粒小麦品种均于 2011 年 3 月 18 日播种，茎蘖充足，正常拔节，因此成穗数多，大部分品种收获穗数均达到 200 万穗/hm² 以上，仅有硬粒 1 号、硬粒 2 号、硬粒 3 号、硬粒 13 号收获较少。晋中麦区夏季降雨较多，有利于在孕穗期提高穗粒数，因此，供试品种的穗粒数大多在 30 粒以上（除硬粒 15 号为 27 粒）。晋中的生态环境条件保证了灌浆期所需的水分与光照，使得大多数硬粒小麦品种和山农 129（CK）的千粒重在 40 g 以上（硬粒 11 号、硬粒 17 号除外）。穗数、穗粒数、千粒重均对产量具有重大影响，因此大多数硬粒小麦有发展为高产种质资源的潜力。少数硬粒小麦穗数、穗粒数、千粒重偏低未达到高产，可能由于品种自身的遗传性（Dias 和 Lidon，2009），如分蘖能力、抗旱性等；品种对栽培措施的适应性（杨丽雯等，2010；高志强等，2003），如播期早晚、播量高低等，对其也造成一定的影响。

品质育种是对小麦品质进行改良的重要方法（李韬等，2002；曹广才和吴东兵，1992；赵俊晔和于振文，2006；胡新中等，2004）。当前，高蛋白强筋型烘烤产品小麦品种在北方麦区具有极大的需求量。试验中 16 个硬粒小麦品种和山农 129（CK）的蛋白质含量除硬粒 4 号、硬粒 5 号、硬粒 7 号、硬粒 10 号、硬粒 11 号外均达到 15% 以上，为强筋小麦。其中，硬粒 1 号、硬粒 2 号、硬粒 3 号、硬粒 6 号、硬粒 7 号、硬粒 8 号、硬粒 13 号、硬粒 14 号、硬粒 15 号、硬粒 16 号、硬粒 17 号的湿面筋含量≥32%，达到强筋标准；硬粒 4 号、硬粒 9 号、硬粒 10 号达到中筋标准（湿面筋含量 30%~32%）；面团延展性、面粉吸水率、形成时间、稳定时间以及沉降值都有一定的提高。因此，中强筋小麦（韩巧霞等，2008；郭天财等，2003）适宜在晋中麦区种植。本试验表明，16 个加拿大硬粒小麦品种在晋中麦区种植，获得高蛋白强筋高产（>4500 kg/hm²）品种是硬粒 6 号、硬粒 16 号、硬粒 17 号；高蛋白中筋高产品种是硬粒 4 号、硬粒 5 号、硬粒 9 号、硬粒 11 号；高蛋白强筋中产（>3000 kg/hm²）品种是硬粒 8 号、硬粒 14 号、硬粒 15 号；高蛋白中筋中产品种是硬粒 7 号、硬粒 10 号。引进品种除硬粒 1 号、硬粒 2 号、硬粒 3 号、硬粒 13 号外，其余品种对改良山西小麦籽粒品质性状具有重要的意义。

参考文献

BARBER J S，秦武发，1988. 影响灌溉小麦产量和品质的因素 [J]. 麦类作物学报（6）：34-37.

曹广才，吴东兵，1992. 不同类型小麦品种在非正常播期中的生育表现及其意义 [J]. 中国农业气象 (6)：1-5.

曹广才，吴东兵，贺万桃，1989. 北京地区夏播小麦的生态条件及生育表现 [J]. 生态学报 (2)：152-156.

曹广才，吴东兵，张国泰，等，1990. 强春性小麦品种的生育特性 [J]. 应用生态学报 (4)：306-314.

陈华萍，王照丽，魏育明，等，2006. 四川小麦地方品种农艺性状与品质性状的聚类分析 [J]. 麦类作物学报 (6)：29-34.

邓昭俊，1989. 大穗型小麦高产途径 [J]. 湖北农业科学 (3)：1.

董召荣，刘耀南，罗松彪，等，2000. 面包小麦皖麦 33 的特点及高产栽培技术 [J]. 安徽农业科学 (1)：52-53.

傅兆麟，李洪琴，1998. 黄淮冬麦区小麦超高产的几个问题探讨 [J]. 麦类作物学报 (6)：51-54.

高志强，苗果园，张国红，等，2003. 北移冬小麦生长发育及产量构成因素分析 [J]. 中国农业科学 (1)：31-36.

龚德平，傅承安，1997. 小麦群体产量性状的相关与遗传通径分析 [J]. 麦类作物学报 (6)：22-24.

关二旗，魏益民，张波，等，2010. 豫北地区小麦生产品种的构成及品质性状研究 [J]. 麦类作物学报，30 (6)：1148-1153.

郭天财，张学林，樊树平，等，2003. 不同环境条件对三种筋型小麦品质性状的影响 [J]. 应用生态学报 (6)：917-920.

韩巧霞，刘平湘，王化岑，等，2008. 不同质地土壤对小麦籽粒容重及部分面粉品质的影响 [J]. 安徽农业科学 (28)：12138-12139.

何中虎，晏月明，庄巧生，等，2006. 中国小麦品种品质评价体系建立与分子改良技术研究 [J]. 中国农业科学 (6)：1091-1101.

胡承霖，姚孝友，1991. 不同穗型小麦品种生长发育特性和产量形成的研究 [J]. 安徽农业科学 (3)：207-213.

胡新中，魏益民，张国权，等，2004. 小麦籽粒蛋白质组分及其与面条品质的关系 [J]. 中国农业科学 (5)：739-743.

季爱民，赵建明，2011. 强筋小麦镇麦 168 在江苏沿海地区的种植表现及高产栽培技术 [J]. 现代农业科技 (21)：98，107.

雷钧杰，宋敏，2007. 播种期与播种密度对小麦产量和品质影响的研究进展 [J]. 新疆农业科学 (S3)：138-141.

李韬，徐辰武，胡治球，等，2002. 小麦重要品质性状的遗传分析和面条专用型小麦的筛选 [J]. 麦类作物学报 (3)：11-16.

林红梅，刘斌，周传珠，2009. 小麦新品种扬辐麦 4 号及其高产栽培技术 [J]. 农业科技通讯（8）：147.

林作楫，揭声慧，1999. 小麦育种工作 40 年回顾Ⅲ. 基础研究（二）[J]. 河南农业科学（6）：4-5.

刘兆晔，于经川，姜鸿明，等，2010. 小麦理想株型的探讨 [J]. 中国农学通报，26（8）：137-141.

孙本普，王勇，李秀云，等，2004. 不同年份的气候和栽培条件对冬小麦产量构成因素的影响 [J]. 麦类作物学报（2）：83-87.

田纪春，邓志英，胡瑞波，等，2006. 不同类型超级小麦产量构成因素及籽粒产量的通径分析 [J]. 作物学报（11）：1699-1705.

田纪春，邓志英，牟林辉，2006. 作物分子设计育种与超级小麦新品种选育 [J]. 山东农业科学（5）：30-32.

田纪春，王延训，赵亮，等，2005. 不同类型超级小麦品种小花分化及产量构成因素的相关性分析 [J]. 山东农业科学（1）：14-18.

田志刚，高涛，杨光，2013. 山西省小麦生产现状及存在问题分析 [J]. 科技情报开发与经济，23（17）：139-141.

王光瑞，周桂英，王瑞，1997. 焙烤品质与面团形成和稳定时间相关分析 [J]. 中国粮油学报（3）：3-8.

王立秋，1996. 小麦品质生理研究进展 [J]. 麦类作物学报（3）：31-32.

王绍中，林作楫，赖青茹，1998. 河南优质小麦生产现状及发展建议 [J]. 河南农业科学（11）：3-5.

王世敬，1989. 加拿大小麦蛋白质研究现状 [J]. 宁夏农林科技（4）：46-51.

王晓燕，李宗智，张彩英，等，1995. 全国小麦品种品质检测报告 [J]. 河北农业大学学报（1）：1-9.

王志芬，吴科，宋良增，等，2001. 山东省不同穗型超高产小麦产量构成因素分析与选择思路 [J]. 山东农业科学（4）：6-8.

未文良，汪建来，张文明，等，2007. 安徽省 8 个小麦推广品种产量因素结构特点的研究 [J]. 安徽农业科学（6）：1626-1627，1635.

吴东兵，李建华，张文，1994. 冬小麦品种在我国不同地区早春播的生育表现和温光条件 [J]. 四川气象（2）：43-45.

夏清，杨珍平，席晋飞，等，2014. 六个黄淮麦区优质小麦品种在晋中麦区晚播的产量与品质性状研究 [J]. 激光生物学报，23（2）：170-177.

杨丽雯，张永清，张定一，等，2010. 山西省小麦生产的现状、问题与对策分析 [J]. 麦类作物学报，30（6）：1154-1159.

杨学明，姚金保，姚国才，等，2007. 国审小麦品种宁麦 13 的选育及其高产栽培技术 [J]. 安徽农业科学（33）：10638，10640.

杨珍平，张爱芝，周乃健，等，2009. 山西小麦"纬海"气候区划与瓦尔特气候图

的分析应用 ［J］. 麦类作物学报，29（2）：335-340.

于光华，王乐凯，赵乃新，等，1995. 小麦品质分析项目数量的初步探讨 ［J］. 黑龙江农业科学（5）：5-10.

于振文，2003. 作物栽培学各论（北方本）［M］. 北京：中国农业出版社.

张定一，姬虎太，张惠叶，等，2000. 山西省小麦主要栽培品种（系）的品质现状 ［J］. 山西农业科学（2）：3-6.

张丽英，张正斌，徐萍，等，2014. 黄淮小麦农艺性状进化及对产量性状调控机理的分析 ［J］. 中国农业科学，47（5）：1013-1028.

张胜爱，马吉利，崔爱珍，等，2006. 不同耕作方式对冬小麦产量及水分利用状况的影响 ［J］. 中国农学通报（1）：110-113.

张先和，任云丽，高巍，2000. 正确评价小麦品质 ［J］. 粮油食品科技（1）：22-23，27.

张翼，高素玲，张根峰，2014. 不同播期对沿黄稻区强筋型小麦产量和品质的影响 ［J］. 中国农学通报，30（27）：29-32.

张釜，赵殿国，1982. 春小麦叶面积系数与产量的关系 ［J］. 黑龙江八一农垦大学学报（1）：49-54.

张影，2003. 弱筋小麦宁麦 9 号籽粒品质的形成特性及调控研究 ［D］. 扬州：扬州大学.

赵俊晔，于振文，2006. 中国优质专用小麦的生产现状与发展的思考 ［J］. 中国农学通报（3）：171-174.

赵乃新，王乐凯，程爱华，等，2003. 面包烘焙品质与小麦品质性状的相关性 ［J］. 麦类作物学报（3）：33-36.

赵倩，姜鸿明，孙美芝，等，2011. 山东省区试小麦产量与产量构成因素的相关和通径分析 ［J］. 中国农学通报，27（7）：42-45.

赵倩，姜鸿明，于经川，2005. 优质高产小麦烟农 19 的选育及其特性研究 ［J］. 莱阳农学院学报（3）：168-174.

朱冬梅，刘蓉蓉，马谈斌，等，2005. 弱筋小麦扬麦 15 优质高产群体调控技术研究 ［J］. 江苏农业科学（6）：16-21.

朱昭进，赵莉，何贤芳，等，2011. 小麦生物产量影响因素初探 ［J］. 安徽农业科学，39（5）：2601-2603.

DIAS A S, LIDON F C, 2009. Evaluation of grain filling rate and duration in bread and durum wheat, under heat stress after anthesis ［J］. Journal of Agronomy and Crop Science, 195（2）：137-147.

GIANIBELLI M C, MASCI S, LARROQUE O R, et al., 2002. Biochemical characterization of a novel polymeric protein subunit from bread wheat (*Triticum aestivum* L.) ［J］. J. Cereal Sci., 35（3）：265-276.

第四章

晋中麦区小麦品质与面团质构研究

第一节　33 个小麦品种资源的籽粒品质与面团质构特性

本节的研究内容见第二章第一节第七部分；指标测定方法见第二章第二节；数据处理与统计分析方法见第二章第三节。

一、籽粒品质指标含量及其相关分析

从表 4-1 可以看出，33 个小麦品种蛋白质含量均达到强筋标准 14% 以上，湿面筋含量部分品种达到强筋标准 32% 以上，大多数品种在中筋标准 28%~32%，仅有 4 个品种湿面筋含量符合弱筋标准（<28%）。沉降值变异系数最大（28.45%），容重变异系数最小（1.47%），其他品种籽粒品质各项指标相差不大。这些差异是不同的品种特性造成的，但是单个指标的差异，体现不出面团特性的综合评价，需要进一步的数理统计分析。

表 4-1　供试 33 个小麦品种的籽粒品质指标

品种	蛋白质含量（%）	湿面筋含量（%）	吸水率（%）	形成时间（min）	稳定时间（min）	沉降值（mL）	延展性（mm）	容重（g/L）
山农 129	13.88	28.33	56.72	2.85	10.14	21.41	130.00	801.63
040358	14.79	29.70	58.20	3.70	8.00	19.97	130.00	828.95
晋中 838	15.48	32.73	55.25	3.75	8.64	28.68	150.00	806.60
晋太 0705	13.90	29.15	57.79	3.92	8.87	24.97	137.25	801.45
太原 2005	13.78	30.21	60.25	2.58	9.08	18.75	129.83	765.30
长麦 6135	14.91	32.04	57.96	3.43	9.25	18.83	128.75	805.67
长 4738	13.42	27.74	58.72	3.69	9.24	27.78	138.89	799.44
长 6359	12.60	26.49	53.77	2.37	7.66	12.37	132.33	801.42
长 6878	12.79	25.54	54.85	2.40	8.87	19.37	109.33	807.83

（续表）

品种	蛋白质含量（%）	湿面筋含量（%）	吸水率（%）	形成时间（min）	稳定时间（min）	沉降值（mL）	延展性（mm）	容重（g/L）
临旱 234	15.61	34.37	58.71	4.81	9.09	27.11	151.44	811.77
临旱 538	14.51	30.60	57.63	3.12	10.06	15.48	130.17	813.95
临汾 10 号	13.90	29.44	58.02	2.48	9.80	11.54	120.11	792.21
临远 991	16.30	35.64	58.62	4.23	10.08	22.87	144.67	809.02
临优 6148	17.07	36.73	55.89	4.82	9.32	36.10	162.67	812.79
舜麦 1718D	16.93	35.82	59.19	4.21	10.82	27.96	155.85	805.85
舜麦紫秆	14.99	31.93	60.37	4.13	11.01	16.98	127.33	796.47
运旱 20410	14.91	31.16	58.40	3.77	10.05	15.66	129.67	811.76
黑芒麦	15.60	32.68	59.09	3.80	11.25	20.96	127.83	801.10
晋麦 13	15.32	31.89	56.45	4.05	10.23	21.73	130.00	824.14
晋麦 54	14.86	29.54	55.18	3.13	10.57	12.40	104.17	823.51
晋麦 67	15.18	33.24	59.37	3.90	9.45	20.73	140.11	794.29
晋麦 79	15.05	31.48	56.98	4.00	9.94	26.85	136.73	799.17
晋麦 84	14.03	29.45	55.85	3.19	8.87	18.38	116.75	799.45
农大 92-101	14.95	31.71	59.71	4.02	10.81	28.96	133.44	801.74
农大 3338	13.95	29.01	58.90	3.38	10.33	23.60	126.22	802.09
9152	14.23	30.70	56.27	3.45	8.09	18.13	131.67	803.81
中麦 175	15.29	31.83	56.00	3.83	8.61	20.57	144.67	816.30
烟农 19	15.17	31.65	58.98	3.70	10.65	17.47	122.00	806.58
烟 2070	13.29	26.89	53.17	2.13	9.12	12.57	97.67	829.19
静冬 0331	14.53	30.37	55.33	2.90	7.94	16.60	125.00	804.61
漯麦 9922	15.13	33.05	55.63	3.63	8.88	15.03	163.67	799.10
豫麦 34	15.15	32.08	57.59	3.94	10.66	26.19	152.67	794.85
兰考 1 号	14.68	31.63	54.92	2.78	8.76	13.68	131.33	805.77
平均	14.73	31.03	57.27	3.52	9.52	20.60	133.10	805.39
CV（%）	6.90	8.42	3.30	19.24	10.14	28.45	11.26	1.47

将表 4-1 中 8 个指标作相关分析（表 4-2），结果表明，籽粒蛋白质含量与湿面筋含量相关性很大，这两个指标共同决定着面团形成时间、延展性及沉降值；同时，蛋白质含量高低还决定着面团稳定时间的长短，湿面筋含量又影响着面粉吸水率的多少；面粉吸水率进一步控制面团形成时间及稳定时间；面团形成时间关联着面团延展性及沉降值；面团延展性及沉降值二者亦达到高度显著正相关（$P<0.001$）；籽粒容重与面粉吸水率呈显著负相关（$P<0.05$）。

表4-2　籽粒品质指标之间的相关性

指标	相关系数							
	蛋白质	湿面筋	吸水率	形成时间	延展性	沉降值	稳定时间	容重
蛋白质	1.000							
湿面筋	0.958***	1.000						
吸水率	0.312	0.368*	1.000					
形成时间	0.800***	0.788***	0.479**	1.000				
延展性	0.622***	0.713***	0.225	0.688***	1.000			
沉降值	0.514**	0.493**	0.308	0.723***	0.629***	1.000		
稳定时间	0.394*	0.312	0.554***	0.336	-0.033	0.184	1.000	
容重	0.184	-0.005	-0.436*	0.124	-0.196	-0.059	-0.070	1.000

注：* 表示 $P<0.05$，** 表示 $P<0.01$，*** 表示 $P<0.001$，本节余表同。

二、饺子面团质构特性（面：水＝2∶1）

由表4-3可以看出，面水比为2∶1时饺子面团质构指标以咀嚼性最为明显。咀嚼性变异系数最大（61.34%），弹性变异系数最小（21.40%），其余指标的变异系数在40.47%～50.36%。临优6148的硬度、胶黏性和咀嚼性最大，远大于其他品种。9152的硬度、胶黏性和咀嚼性最小。

表4-3　供试33个小麦品种的饺子面团质构（面：水＝2∶1）

品种	硬度（N）	黏附性（N·mm）	黏附伸长度（mm）	内聚性	弹性（mm）	胶黏性（N）	咀嚼性（mJ）
山农129	5.93	0.63	1.53	0.23	2.93	1.29	3.84
040358	5.79	0.94	1.84	0.25	3.32	1.44	6.88
晋中838	4.73	0.97	1.92	0.24	2.77	1.13	3.02
晋太0705	14.40	2.24	1.88	0.23	3.22	3.30	11.74
太原2005	10.38	1.75	1.49	0.20	3.26	2.05	6.16
长麦6135	5.30	2.36	3.00	0.24	2.35	1.28	3.05
长4738	5.30	2.36	3.00	0.24	2.49	1.28	3.05
长6359	9.78	3.13	4.83	0.45	3.70	4.45	17.16
长6878	6.90	2.65	2.48	0.21	2.55	1.48	3.90
临旱234	6.48	0.75	1.72	0.22	3.60	1.60	5.87
临旱538	11.95	0.71	1.49	0.22	3.97	2.53	10.03
临汾10号	6.98	0.71	1.55	0.22	3.27	1.58	5.29
临远991	5.50	3.35	5.05	0.31	4.65	1.73	8.75
临优6148	20.05	3.34	4.02	0.26	4.46	5.13	23.05

（续表）

品种	硬度（N）	黏附性（N·mm）	黏附伸长度（mm）	内聚性	弹性（mm）	胶黏性（N）	咀嚼性（mJ）
舜麦1718D	11.05	1.74	2.39	0.35	4.46	3.83	16.98
舜麦紫秆	7.35	1.36	2.38	0.29	3.89	2.03	7.99
运旱20410	7.15	2.79	4.09	0.47	3.95	3.38	13.68
黑芒麦	12.73	1.96	2.71	0.26	5.01	3.20	16.31
晋麦13	6.08	1.23	2.48	0.24	3.11	1.40	4.48
晋麦54	6.00	0.89	1.48	0.78	2.79	1.26	4.16
晋麦67	7.38	1.42	2.75	0.28	3.85	1.95	7.54
晋麦79	8.93	0.68	1.50	0.22	3.09	1.90	5.89
晋麦84	9.98	0.39	1.49	0.22	3.54	2.20	7.72
农大92-101	4.83	0.88	1.87	0.26	3.21	1.23	4.07
农大3338	10.43	1.64	1.77	0.21	4.38	2.18	9.98
9152	3.98	0.60	1.49	0.22	2.24	0.83	1.85
中麦175	9.81	1.62	2.31	0.38	3.03	3.61	11.09
烟农19	9.80	1.91	2.43	0.26	4.03	2.48	10.03
烟2070	12.23	2.21	1.67	0.19	3.02	2.28	6.98
静冬0331	5.10	1.97	1.97	0.21	1.92	1.05	2.03
漯麦9922	11.85	2.60	2.35	0.28	3.67	3.23	11.86
豫麦34	11.33	1.86	1.65	0.20	3.01	2.28	6.85
兰考1号	6.39	1.73	2.26	0.23	3.51	1.48	6.54
平均	8.54	1.68	2.33	0.27	3.40	2.18	8.11
CV（%）	40.64	50.36	40.83	40.47	21.40	48.14	61.34

将表4-1的籽粒品质指标与表4-3的饺子面团质构指标作CORR相关性分析（表4-4），结果表明，除籽粒沉降值和容重指标与所有质构指标均无显著相关（$P>0.05$）外，其余品质指标都显著（$P<0.05$）或极显著（$P<0.01$）影响饺子面团质构，且主要影响其弹性、咀嚼性和胶黏性；就面团质构指标相互之间的相关程度而言，除内聚性与其他指标无显著相关（$P>0.05$）外，其余质构指标均呈不同程度的显著相关。

表4-4　籽粒品质指标与饺子面团质构指标的相关性

指标	相关系数						
	硬度	黏附性	黏附伸长度	内聚性	弹性	胶黏性	咀嚼性
蛋白质	0.198	0.051	0.209	0.129	0.471**	0.253	0.374*
湿面筋	0.193	0.088	0.250	0.021	0.485**	0.251	0.361*

（续表）

指标	相关系数						
	硬度	黏附性	黏附伸长度	内聚性	弹性	胶黏性	咀嚼性
吸水率	-0.067	-0.135	-0.014	-0.141	0.396[*]	-0.069	0.041
形成时间	0.150	0.025	0.212	0.035	0.377[*]	0.213	0.295
延展性	0.258	0.212	0.273	-0.129	0.281	0.387[*]	0.388[*]
沉降值	0.225	0.051	0.077	-0.266	0.146	0.142	0.179
稳定时间	0.123	-0.120	-0.053	0.149	0.484[**]	0.035	0.148
容重	-0.055	0.007	0.092	0.302	-0.035	0.006	0.047
硬度	1.000	0.369[*]	0.103	-0.099	0.521[**]	0.823[***]	0.792[***]
黏附性		1.000	0.801[***]	0.099	0.258	0.536[**]	0.517[**]
黏附伸长度			1.000	0.269	0.405[*]	0.472[**]	0.519[**]
内聚性				1.000	0.089	0.204	0.203
弹性					1.000	0.600[***]	0.767[***]
胶黏性						1.000	0.958[***]
咀嚼性							1.000

　　进一步将籽粒品质指标与饺子面团质构指标作 FACTOR 关键因子分析（表4-5），表明影响饺子面团质构的主要指标可划分为3类，其累积贡献率达到66.3%，其中第一类主因子的贡献率35.9%，包括蛋白质、湿面筋、形成时间、延展性、沉降值；第二类主因子的贡献率19.4%，包括硬度、胶黏性、咀嚼性和弹性；第三类主因子的贡献率11.0%，包括吸水率和稳定时间。可见，在面水比为2∶1时，影响面团质构的关键品质指标有籽粒蛋白质含量、湿面筋含量、面团形成时间、延展性、沉降值、吸水率和面团稳定时间，关键质构指标有面团硬度、胶黏性、咀嚼性和弹性。

表 4-5　影响饺子面团质构的关键因子分析

指标	第一类因子	第二类因子	第三类因子
蛋白质	0.849[*]	0.152	0.288
湿面筋	0.858[*]	0.131	0.276
吸水率	0.303	-0.123	0.772[*]
形成时间	0.901[*]	0.064	0.250
延展性	0.823[*]	0.196	-0.100
沉降值	0.790[*]	0.093	-0.035
稳定时间	0.139	0.114	0.849[*]
容重	0.094	0.020	-0.276
硬度	0.103	0.952[*]	-0.038
黏附性	0.014	0.343	-0.153

（续表）

指标	第一类因子	第二类因子	第三类因子
黏附伸长度	0.154	0.165	0.024
内聚性	-0.128	-0.002	0.227
弹性	0.228	0.623*	0.572
胶黏性	0.134	0.893*	-0.012
咀嚼性	0.200	0.880*	0.134
特征值	5.386	2.914	1.623
相邻特征值之差	2.472	1.271	0.068
方差贡献率	0.359	0.194	0.110
累积方差贡献率	0.359	0.553	0.663

三、面条面团质构特性（面：水=2.5：1）

由表4-6可以看出，面水比为2.5：1时面条面团质构指标明显区别于面水比为2：1时饺子面团质构指标，以硬度、咀嚼性最为明显，面条面团要比饺子面团硬度大，且咀嚼性好。咀嚼性变异系数最大（55.15%），弹性变异系数最小（14.97%），其余指标的变异系数在39.15%～53.53%。黑芒麦的硬度、胶黏性和咀嚼性最大，远大于其他品种。临优6148的硬度、胶黏性和咀嚼性最小。

表4-6　供试33个小麦品种的面条面团质构（面：水=2.5：1）

品种	硬度（N）	黏附性（N·mm）	黏附伸长度（mm）	内聚性	弹性（mm）	胶黏性（N）	咀嚼性（mJ）
山农129	18.95	2.81	2.17	0.20	3.81	3.70	14.33
040358	28.24	3.93	3.06	0.26	4.64	7.18	33.47
晋中838	15.63	1.56	1.75	0.48	2.70	2.73	7.46
晋太0705	14.40	2.24	1.88	0.23	3.54	3.30	11.74
太原2005	19.05	1.58	1.69	0.24	3.70	4.50	16.71
长麦6135	10.89	1.30	1.74	0.20	3.80	2.19	9.00
长4738	16.09	1.01	1.67	0.32	2.74	5.10	14.06
长6359	10.20	2.25	2.49	0.22	3.47	2.25	7.92
长6878	12.73	1.98	2.70	0.36	2.84	4.58	13.10
临旱234	19.11	4.24	2.38	0.24	4.14	4.59	19.02
临旱538	31.75	2.58	1.62	0.21	4.36	6.49	28.22
临汾10号	16.78	0.63	1.51	0.19	3.74	3.13	11.66
临远991	12.33	2.63	3.10	0.23	3.93	2.73	11.34
临优6148	6.38	0.57	1.49	0.23	3.45	1.45	4.95

（续表）

品种	硬度 （N）	黏附性 （N·mm）	黏附伸 长度 （mm）	内聚性	弹性 （mm）	胶黏性 （N）	咀嚼性 （mJ）
舜麦 1718D	24.69	2.78	3.13	0.28	4.77	6.84	32.64
舜麦紫秆	14.91	4.97	3.70	0.31	4.56	4.59	21.42
运旱 20410	8.85	2.04	1.65	0.23	3.02	2.05	6.30
黑芒麦	37.59	3.45	3.24	0.23	4.37	8.59	37.52
晋麦 13	18.44	3.28	1.93	0.21	3.74	3.86	14.44
晋麦 54	19.18	0.72	1.50	0.19	3.85	3.54	13.69
晋麦 67	18.50	1.07	1.61	0.23	4.47	3.99	17.70
晋麦 79	15.68	0.81	1.50	0.20	3.63	2.99	10.83
晋麦 84	20.39	4.36	3.44	0.24	4.25	4.83	21.16
农大 92-101	10.56	2.80	2.24	0.24	3.55	2.46	8.90
农大 3338	23.21	3.24	1.95	0.66	3.51	4.86	17.92
9152	14.60	0.66	1.50	0.16	3.20	2.25	7.22
中麦 175	8.81	2.11	1.90	0.23	3.05	1.94	5.97
烟农 19	20.58	3.74	2.04	0.24	4.15	4.93	20.48
烟 2070	12.23	2.21	1.67	0.19	3.02	2.28	6.98
静冬 0331	11.43	1.60	2.06	0.19	3.29	2.16	7.15
潔麦 9922	10.09	2.56	3.09	0.42	3.45	4.19	14.99
豫麦 34	19.28	1.91	1.51	0.20	3.71	3.90	14.47
兰考 1 号	19.81	0.56	1.50	0.16	3.46	3.16	11.05
平均	17.01	2.25	2.13	0.25	3.69	3.86	14.96
CV（%）	39.69	53.53	31.36	39.15	14.97	43.17	55.15

将表 4-1 的籽粒品质指标与表 4-6 的面条面团质构指标作 CORR 相关性分析（表 4-7），结果表明，与面条面团质构显著相关的籽粒品质指标有蛋白质含量、湿面筋含量、吸水率和面团稳定时间，且主要影响面团的硬度、弹性、胶黏性和咀嚼性，其余品质指标与质构指标无显著相关（$P>0.05$）；面条面团质构指标之间的相关性与饺子面团的类似，除内聚性与其他指标无显著相关（$P>0.05$）外，其余质构指标均呈不同程度显著相关。

表 4-7 籽粒品质指标与面条面团质构指标的相关性

指标	相关系数						
	硬度	黏附性	黏附伸长度	内聚性	弹性	胶黏性	咀嚼性
蛋白质	0.080	0.082	0.137	-0.052	0.387*	0.078	0.203
湿面筋	0.013	0.046	0.119	-0.056	0.373*	0.013	0.138

指标	相关系数						
	硬度	黏附性	黏附伸长度	内聚性	弹性	胶黏性	咀嚼性
吸水率	0.345*	0.333	0.197	0.119	0.525*	0.439*	0.479*
形成时间	−0.005	0.248	0.164	0.085	0.292	0.090	0.162
延展性	−0.144	−0.049	0.060	0.173	0.054	−0.030	−0.001
沉降值	−0.055	0.009	−0.030	0.243	−0.036	0.022	0.005
稳定时间	0.363*	0.274	0.120	0.052	0.419*	0.352*	0.382
容重	0.002	0.141	0.000	−0.102	−0.042	−0.047	−0.009
硬度	1.000	0.356*	0.222	0.052	0.620***	0.885***	0.882***
黏附性		1.000	0.754***	0.244	0.522**	0.519**	0.573**
黏附伸长度			1.000	0.221	0.481**	0.500**	0.554**
内聚性				1.000	−0.191	0.211	0.111
弹性					1.000	0.622***	0.781***
胶黏性						1.000	0.969***
咀嚼性							1.000

进一步将籽粒品质指标与面条面团质构指标作 FACTOR 关键因子分析（表4-8），结果表明，影响面条面团质构的主要指标也可划分为3类，其累积贡献率达到68.1%，其中第一类因子贡献率34.7%，包括蛋白质含量、湿面筋含量、形成时间、延展性及沉降值；第二类因子贡献率23.5%，包括硬度、弹性、胶黏性和咀嚼性；第三类因子贡献率9.8%，包括黏附性和黏附伸长度。可见，在面水比为2.5∶1时，影响面团质构的关键品质指标有籽粒蛋白质含量、湿面筋含量、形成时间、延展性、沉降值，关键质构指标有硬度、胶黏性、咀嚼性、弹性、黏附性和黏附伸长度。

表4-8　影响面条面团质构的关键因子分析

指标	第一类因子	第二类因子	第三类因子
蛋白质	0.912*	0.173	0.051
湿面筋	0.918*	0.079	0.066
吸水率	0.369	0.507	0.132
形成时间	0.925*	0.108	0.133
延展性	0.803*	−0.155	0.037
沉降值	0.744*	0.029	−0.147
稳定时间	0.301	0.587	−0.039

（续表）

指标	第一类因子	第二类因子	第三类因子
容重	0.067	0.013	−0.055
硬度	−0.103	0.941*	0.072
黏附性	0.045	0.334	0.831*
黏附伸长度	0.054	0.174	0.928*
内聚性	0.048	0.049	0.178
弹性	0.216	0.663*	0.451
胶黏性	−0.052	0.878*	0.33
咀嚼性	0.036	0.886*	0.411
特征值	5.210	3.524	1.473
相邻特征值之差	1.686	2.051	0.046
方差贡献率	0.347	0.235	0.098
累积方差贡献率	0.347	0.582	0.681

四、讨论与结论

面团是由水、酵母、盐和其他成分组成的复杂混合物，是小麦由小麦粉向食品转化的一种基本过渡形态。各种面制品的质构在很大程度上与松软度及可口性都有关系。只有加工过程控制好面团特性，才能生产出能满足特殊要求的面条、饺子等面制品（Hamid 等，2002；陶海腾等，2011；李韬等，2002）。小麦品质性状较多，且指标间存在错综复杂的相关关系，导致它们的信息出现重叠，不易得出简明的规律（陈荣江等，2007）。因此需要借助统计学方法进行综合分析。本试验主要通过相关分析和因子分析方法，有利于针对目标性状进行选择，提高选择效率（赵京岚等，2005），综合评价影响饺子面团或面条面团的关键指标。

近年来，市场对高质量面条和饺子专用小麦的需求不断增长。针对中国饺子和面条品质与小麦品种品质的关系进行的研究（Habernicht 等，2002；杨金等，2004；章绍兵等，2003）表明蛋白质含量、沉降值及硬度等指标对饺子面条品质有重要影响。本研究表明，籽粒蛋白质含量、湿面筋含量、面团形成时间、延展性、沉降值、硬度、胶黏性、咀嚼性和弹性是影响饺子和面条品质的共同品质性状。整体来看，蛋白质和湿面筋含量及面团稳定时间均与面团弹性呈极显著正相关。这与张国增等（2012）的研究结果相吻合。不同小麦加工制品（如饺子、面条）对这几种质构指标的要求有所不同（张艳等，2012）。饺子需要相对较低的籽粒硬度，而面条则要求籽粒硬度大、面筋强度高、吸水性低，这样耐煮性就好（陈淑萍等，2009）。本研究选用的样品强筋品种较多，且主要针对种植在山西省中部麦区的 33 个小麦品种，评价其制作的饺子及面条品质，研究表明无论饺子面团还是面条面团，影响其质构特性的关键在于籽粒品质，尤其是蛋白质含量、湿面筋含量、形成时间、延展性及沉降值；在质构指标中，影响其特性的关键因素主要是硬度、胶黏性、咀嚼性和弹性。值得一提的是，影响饺子面团的籽粒指标还包括吸水率和稳定时间，而影响面条面团的质构指标还包括黏附性和黏附伸长度。

小麦籽粒品质影响着面团质构，影响饺子和面条品质的共同性状是 5 个籽粒品质指标（包括蛋白质含量、湿面筋含量、形成时间、延展性、沉降值）和 4 个面团质构指标（包括硬度、胶黏性、咀嚼性和弹性）。影响饺子面团的籽粒指标还包括吸水率和稳定时间，而影响面条面团的质构指标还包括黏附性和黏附伸长度。整体来看，籽粒品质显著影响面团结构。面条要求籽粒硬度大、面筋强度高、吸水性低，这样耐煮性就好；饺子则要求相对较低的籽粒硬度。本试验筛选出适合晋中麦区的专用型强筋饺子小麦品种 3 个：临优 6148、舜麦 1718D、黑芒麦；选出优质专用型面条小麦品种 4 个：舜麦 1718D、黑芒麦、040358、临旱 538。研究结果为山西优质专用小麦品种选育，以及优质专用饺子粉、面条粉的选择提供了理论依据，为我国农业产业结构的调整和食品加工业的发展提供参考。

第二节　39 个小麦品种面包质构及色差评价

本节的研究内容见第二章第一节第八部分；指标测定方法见第二章第二节；数据处理与统计分析方法见第二章第三节。

一、面包产品质构分析

供试 39 个小麦品种在晋中麦区种植后，其面包产品的质构特性见表 4-9，可以看出，在 8 个质构指标中，变异系数较大的是咀嚼性（91.04%），其次是面包体积（28.54%）、硬度（25.00%）、胶黏性（8.90%），其余指标变异系数不足 5%，尤其内聚性的变异系数仅 0.05%。说明这些面包产品的结构紧密程度差异不大，但口感明显不同。对表 4-9 中的 8 个指标作相关分析，结果表明：面包产品的硬度越大，弹性越小（相关系数-0.582***，$P<0.001$），相应体积越小（相关系数为-0.704***），胶黏性越大（相关系数为 0.931***），耐咀嚼（相关系数为 0.792***）；胶黏性与咀嚼性高度显著正相关（相关系数为 0.936***）；面包产品的体积越大，胶黏性和咀嚼性越小（相关系数分别为-0.660*** 和-0.492**），而黏附性和黏附伸长度则越大（相关系数分别为 0.280 和 0358*，$P<0.05$）；面包产品的黏附性和黏附伸长度越大，则弹性越大（相关系数分别为 0.417** 和 0.460**，$P<0.01$）而胶黏性越小（相关系数分别为-0.313 和 -0.413**）。比较豫麦 34 和晋麦 67 两个面包小麦的面包产品，前者的面包体积、弹性、黏附性及黏附伸长度均较大，而硬度、咀嚼性和胶黏性均较小，品质更

优。体积是面包产品评分的重要指标之一，若以晋麦 67 的面包体积为下限，则其余 37 个品种中，仅临汾 10 号的面包体积接近 255 cm³。参考晋麦 67 的其他指标，硬度不足 55 N、咀嚼性不足 180 mJ、胶黏性不超过 16.5 N、面包体积不低于 230 cm³ 的品种，也仅有晋麦 72、舜麦 1718D、临汾 10 号、太原 2005、豫麦 70 和抗碱麦 6 个品种。可见，绝大多数品种达不到面包质构要求。

表 4-9 供试 39 个小麦品种的面包产品质构

品种	面包体积（cm³）	硬度（N）	黏附性（N·mm）	黏附伸长度（mm）	内聚性	弹性（mm）	胶黏性（N）	咀嚼性（mJ）
晋麦 54	218.49ghi	78.13fgh	0.80ef	1.68d	0.42cde	12.95def	32.70bcd	423.55bc
晋麦 67	255.70b	55.48mno	3.89b	5.79c	0.29st	11.34klm	15.75klm	178.62lmn
晋麦 72	234.21efg	39.78rst	0.60f	1.67d	0.38jkl	10.76lmn	15.20klm	163.35mn
黑芒麦	217.83ghi	80.40fgh	0.69ef	1.70d	0.41fgh	11.52ijk	32.20cd	356.39de
舜麦 1718D	247.52bc	38.10rst	0.80ef	1.67d	0.39ijk	12.14ghi	14.63klm	178.59lmn
运 C105	206.60jkl	83.45def	0.48f	1.68d	0.36mno	11.21lmn	29.63de	331.64de
运旱 2129	159.37p	116.48b	0.73ef	1.68d	0.39ghi	10.03opq	45.50a	454.95ab
晋麦 79	210.16ijk	91.45cd	0.70ef	1.68d	0.42def	12.60fgh	37.75b	475.65a
临汾 10 号	254.43b	44.53pqr	1.39def	2.35d	0.37klm	10.68mno	16.50klm	175.90lmn
临选 2039	168.75op	104.03bc	0.54f	1.68d	0.34nop	9.27pqr	35.25bc	326.89de
长 4738	212.40hij	61.98klm	1.09def	1.81d	0.33opq	11.44jkl	20.33hij	232.57ijk
长麦 6135	171.70nop	91.95cd	0.45f	1.67d	0.36lmn	10.19opq	33.43bcd	339.97de
晋中 838	189.80mno	80.93efg	2.44cde	3.35d	0.31qrs	10.43nop	25.00ef	260.04ghi
晋农 128	195.25lmn	40.38qrs	7.78a	7.86b	0.44bc	12.63efg	17.70klm	222.85jkl
040358	219.38ghi	43.20pqr	2.23def	3.76cd	0.44bc	14.22ab	18.98ijk	268.29fgh
046097	236.43def	45.15pqr	1.03ef	1.69d	0.37lmn	11.60ijk	16.35klm	189.62lmn
晋太 0702	192.25mno	67.03ijk	0.57f	1.69d	0.37lmn	9.76opq	24.65efg	240.13hij
太麦 8003	241.89cde	68.95hij	3.16bc	4.13cd	0.36mno	12.51fgh	24.55efg	307.05efg
太原 2005	236.96def	27.43st	0.55f	1.69d	0.44b	13.43bcd	12.13m	162.40mn
太麦 13907	241.92cde	63.43jkl	1.01ef	1.68d	0.32pqr	12.28ghi	19.83hij	243.38hij
京冬 17	244.65bcd	49.03opq	0.98ef	1.72d	0.36mno	12.16ghi	17.48klm	212.48klm
中麦 175	186.00mno	53.17nop	0.68ef	1.68d	0.32pqr	9.90opq	17.07klm	169.22lmn
农大 3338	223.59fgh	41.33qrs	2.75bcd	3.51d	0.42cde	13.82bc	17.28klm	239.03hij

（续表）

品种	面包体积 （cm³）	硬度 （N）	黏附性 （N·mm）	黏附伸 长度 （mm）	内聚性	弹性 （mm）	胶黏性 （N）	咀嚼性 （mJ）
CA0547	236.98def	38.85rst	0.45f	1.72d	0.43bcd	12.03ghi	16.70klm	200.98lmn
CA0548	231.78fgh	68.35hij	1.03ef	2.04d	0.36mno	12.98def	24.43efg	316.89ef
陇育4号	189.02mno	75.30ghi	0.72ef	1.68d	0.39hij	11.60ijk	29.20de	338.66de
陇鉴102	206.84jkl	75.20ghi	0.62ef	1.68d	0.42cde	12.06ghi	31.43cd	379.27cd
陇鉴9450	207.73ijk	48.65opq	0.81ef	1.68d	0.37lmn	11.20lmn	17.93jkl	200.70lmn
烟农19	175.50nop	66.45hijkl	1.46def	1.76d	0.31qrs	10.15opq	20.35ghi	206.00klm
沧2007-H12	213.11hij	57.75lmn	0.54f	1.68d	0.39hij	9.75opq	22.45fgh	218.97klm
静冬0331	179.33nop	131.10a	0.94ef	1.68d	0.35mno	9.12qr	46.20a	421.60bc
乐亭639	224.04fgh	52.55opq	0.89ef	1.68d	0.37lmn	10.74mno	19.33ijk	207.41klm
豫麦34	279.86a	26.00t	6.89a	11.13a	0.27t	14.95a	7.03n	103.97o
豫麦70	237.80def	31.93rst	0.60f	1.66d	0.41efg	13.21cde	13.18lm	174.36lmn
淮麦18	172.14nop	105.60b	0.85ef	1.75d	0.24u	8.39r	25.00ef	209.32klm
抗碱麦	238.15def	40.27qrs	0.91ef	1.70d	0.35mno	10.24opq	14.03klm	144.64no
平阳穗1号	181.62nop	69.08hij	0.57f	1.69d	0.30rs	10.48nop	20.60ghi	216.26klm
201W22	197.66klm	39.25rst	0.52f	1.71d	0.47a	11.94hij	18.35jkl	218.98klm
平均	214.64	62.53	1.38	2.43	0.37	11.49	22.60	253.96
CV（%）	28.54	25.00	1.61	1.92	0.05	1.47	8.90	91.04

二、面包产品色差分析

从 39 种面包产品的色差指标（图 4-1）来看，亮度值（L^*）普遍较大，其次是黄度值（b^*），红度值（a^*）最小。说明绝大多数品种的烘焙上色程度不够。比较豫麦 34 和晋麦 67 两个面包小麦的面包色差，前者的 L^* 和 b^* 值相对较低，a^* 值相对较高；后者正好相反。说明豫麦 34 的面包色泽较晋麦 67 的更好。以豫麦 34 为参照，色差指标符合要求的品种仅有晋麦 72、临汾 10 号、太麦 8003、豫麦 70。

对上述面包质构、色差指标用 SAS9.1.3 统计分析软件作主成分分析（The PRIN-COMP Procedure），根据贡献率大小，划分为 4 个主成分轴（表 4-10）：第一主成分轴中，具有最大系数（绝对值），即主要的变异来源是面包体积、硬度和胶黏性；第二主成分轴中按照贡献大小依次为黏附性、黏附伸长度和 a^* 值；第三主成分轴中依次为内聚性、弹性、咀嚼性；第四主成分轴中则为 L^* 值和 b^* 值。这 4 个主成分轴累计方差贡献率接近 85%。

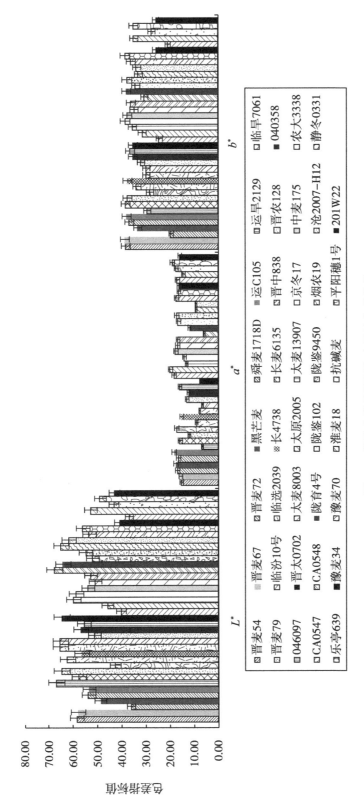

图4-1　部分小麦品种和面包产品的色差性状

表 4-10　面包产品质构、色差的主成分分析

指标	第一类因子	第二类因子	第三类因子	第四类因子
面包体积	-0.365^*	-0.056	0.096	0.204
硬度	0.411^*	0.139	-0.013	-0.230
黏附性	-0.238	0.589^*	0.076	-0.086
黏附伸长度	-0.259	0.583^*	0.060	-0.104
内聚性	-0.029	-0.264	0.669^*	0.040
弹性	-0.287	0.108	0.506^*	0.248
胶黏性	0.406^*	0.078	0.250	-0.208
咀嚼性	0.351	0.083	0.456^*	-0.091
L^*	0.331	0.252	-0.026	0.499^*
a^*	-0.256	-0.365^*	0.002	-0.101
b^*	0.167	-0.001	-0.078	0.717^*
特征值	4.757	1.815	1.533	1.215
相邻特征值之差	2.942	0.282	0.318	0.292
方差贡献率	0.432	0.165	0.139	0.110
累积方差贡献率	0.432	0.598	0.737	0.847

三、面粉品质分析

本试验中，供试 39 个小麦品种在晋中麦区种植后，收获籽粒的水分含量均在 11.39%~13.05%，符合面包（≤14.5%）、馒头（≤14%）专用粉标准。其余品质指标见表 4-11。从表 4-11 可以看出，供试品种的籽粒蛋白质及湿面筋含量平均分别在 14% 和 30% 左右，籽粒容重 803 g/L 左右，表明该区适宜发展中强筋以上品种，且出粉率较高。其中，近 3/5 的品种蛋白质含量达到强筋标准 14% 以上；近 1/2 的品种湿面筋含量达到面包专用粉标准（<30%），且有 5 个品种达到精制级（<33%），分别是晋麦 67、晋农 128、豫麦 34、抗碱麦和 201W22；其余品种则达到馒头专用粉标准（25%~30%）。面团稳定时间除太麦 13907 仅 5.6 min 外，其余品种均符合面包专用粉标准（7~10 min），仅有平阳穗 1 号达到精制级标准。品种间，各类指标变异系数较大的是延展性、容重和沉降值（7%~14%）；其次是湿面筋含量和吸水率（<3%）；变异系数较小的是蛋白质含量、面团形成时间及稳定时间（<1%）。相关性分析表明，面团延展性与籽粒蛋白质、湿面筋含量、面团形成时间、沉降值均呈极显著以上正相关（相关系数分别为 0.440^{**}、0.559^{***}、0.588^{***}、0.474^{**}），而与面团稳定时间呈显著负相关（相关系数为 -0.371^*）；籽粒容重与面团形成时间显著正相关（相关系数为 0.330^*）；沉降值则与面团形成时间、延展性呈极显著以上正相关（相关系数分别为 0.607^{***}、0.474^{**}）；湿面筋含量与蛋白质含量、面团形成时间和延展性呈极显著以上

正相关（相关系数分别为 0.929 ***、0.490 **、0.468 **）；面粉吸水率则与面团形成时间、稳定时间呈显著以上正相关（相关系数分别为 0.402 *、0.540 ***）。

表 4-11 供试 39 个小麦品种的籽粒及面粉品质

品种	蛋白质（%）	湿面筋（%）	容重（g/L）	吸水率（%）	形成时间（min）	稳定时间（min）	延展性（min）	沉降值（mL）
晋麦 54	13.82ijk	28.74klm	816.32abc	59.00abc	3.90fgh	9.48efg	121.00jkl	25.90def
晋麦 67	15.49b	33.09cde	794.94fgh	58.97abc	4.17bcd	9.43fgh	143.33fgh	26.63cde
晋麦 72	15.01cde	32.53def	800.69efg	56.90ghi	3.27ijk	9.55def	138.00hij	9.07jk
黑芒麦	14.51fgh	31.53ijk	801.32efg	58.90bcd	3.70hij	9.93ab	132.67ijk	18.50hij
舜麦 1718D	15.42b	31.64hij	811.08def	57.33ghi	3.57ijk	9.67cde	128.67jkl	19.10hij
运 C105	14.00hij	29.18klm	818.93ab	56.95ghi	4.05def	8.23klm	138.50hij	29.45bcd
运旱 2129	15.12bcd	31.41ijk	810.84def	58.80cde	4.20bcd	9.74abc	139.00hij	19.15hij
临旱 7061	12.89k	27.31m	806.34efg	55.20hi	3.10ijk	7.32m	130.33ijk	20.13hij
晋麦 79	13.98hij	29.77klm	815.55bcd	56.70ghi	4.07def	8.05klm	135.00ijk	21.23hij
临汾 10 号	13.79ijk	29.05klm	812.45def	58.17efg	3.53ijk	9.03ijk	125.33jkl	15.00ijk
临选 2039	14.10ghi	28.75klm	813.37cde	57.87fgh	4.00efg	9.35ghi	124.00jkl	25.90def
长 4738	11.95l	24.30n	809.09def	56.75ghi	3.40ijk	7.92klm	140.50ghi	21.30hij
长麦 6135	13.99hij	31.09jkl	803.32efg	55.60ghi	3.03jkl	8.36klm	137.00hij	15.77ijk
晋中 838	15.17bc	31.87ghi	809.60def	54.97ij	3.67ijk	8.22klm	151.67abc	26.93cde
晋农 128	15.24bc	34.04abc	792.43fgh	59.13abc	3.80ghi	9.41fgh	139.00hij	16.30ijk
040358	14.06hij	29.08klm	804.83efg	57.40ghi	3.75ghi	8.89ijk	143.50efg	24.80efg
046097	13.77ijk	29.60klm	793.34fgh	58.80cde	3.05jkl	9.72bcd	114.00klm	13.00ijk
晋太 0702	13.47ijk	28.24lm	805.14efg	57.17ghi	3.47ijk	8.77jkl	131.67ijk	24.23fgh
太麦 8003	13.02jk	27.97lm	807.61efg	56.00ghi	3.45ijk	8.92ijk	120.00jkl	16.30ijk
太原 2005	14.03hij	30.39klm	773.07hi	58.20efg	2.93jkl	8.96ijk	139.67hij	24.87efg
太麦 13907	13.39ijk	29.12klm	791.57fgh	52.65jk	2.80kl	5.86n	144.00def	13.50ijk
京冬 17	13.88ijk	28.40klm	819.28ab	51.77k	2.87jkl	8.10klm	117.33jkl	14.33ijk
中麦 175	14.79efg	32.14fgh	807.41efg	56.05ghi	4.10cde	9.18hij	144.50def	22.95ghi
农大 3338	13.47ijk	27.45m	815.80bcd	58.40def	3.13ijk	9.30hij	113.67klm	19.10hij
CA0547	14.89def	32.22efg	823.43a	55.60ghi	4.10cde	7.77klm	148.50cde	18.85hij
CA0548	14.24ghi	31.02jkl	788.13fgh	56.40ghi	3.90fgh	7.43lm	164.33a	26.00def
陇育 4 号	13.57ijk	28.03lm	809.86def	56.80ghi	3.80ghi	8.69klm	124.50jkl	34.30ab
陇鉴 102	14.07hij	29.76klm	791.03fgh	57.47ghi	2.27l	9.96ab	107.67lm	11.80ijk
陇鉴 9450	13.49ijk	28.78klm	802.01efg	58.00fgh	3.40ijk	8.33klm	127.50jkl	20.10hij

品种	蛋白质 （%）	湿面筋 （%）	容重 （g/L）	吸水率 （%）	形成时间 （min）	稳定时间 （min）	延展性 （min）	沉降值 （mL）
烟农 19	13.46ijk	29.10klm	794.96fgh	57.80ghi	3.27ijk	9.15ijk	128.67jkl	10.27ijk
沧 2007-H12	14.05hij	30.07klm	783.53gh	60.00a	3.20ijk	8.65klm	121.33jkl	9.37jk
静冬 0331	14.25ghi	30.49klm	793.61fgh	55.35ghi	3.15ijk	7.97klm	129.00jkl	18.55hij
乐亭 639	14.93def	32.21efg	815.56bcd	59.93ab	4.60a	8.08klm	136.33hij	32.13abc
豫麦 34	16.73a	34.88ab	796.06fgh	58.95abc	4.35abc	9.55def	159.00ab	37.20a
豫麦 70	15.32b	31.86ghi	813.61cde	57.10ghi	3.80ghi	8.29klm	139.67hij	18.60hij
淮麦 18	13.22ijk	28.06lm	799.97efg	55.95ghi	3.05jkl	7.95klm	113.50klm	20.40hij
抗碱麦	16.63a	36.10a	811.36def	57.00ghi	4.50ab	8.98ijk	148.00cde	13.77fijk
平阳穗 1 号	14.63efg	28.57klm	821.02a	55.17hi	2.27l	10.67a	96.00m	5.57k
201W22	14.79efg	33.20bcd	761.14i	56.60ghi	3.03jkl	8.79jkl	150.67bcd	22.63ghi
平均	14.27	30.28	803.58	57.07	3.53	8.76	133.00	20.08
CV（%）	0.96	2.33	13.19	1.77	0.56	0.90	14.22	7.00

可见籽粒蛋白质、湿面筋含量、容重和面粉吸水率的大小明显影响了面粉品质。值得指出的是，以豫麦 34 和晋麦 67 来看，与原产地的品质指标比较，在晋中麦区种植后，两种面包小麦的籽粒蛋白质及湿面筋含量依然属于强筋范畴，但面粉吸水率、沉降值、面团形成时间和稳定时间均有所下降，达不到强筋水平。

对 39 个品种的籽粒及面粉品质进行主成分分析（The PRINCOMP Procedure），按照贡献率大小，划分为 4 个主成分轴（表4-12）：第一主成分轴包括蛋白质含量、湿面筋含量、延展性；第二主成分轴包括沉降值和稳定时间；第三主成分轴包括吸水率；第四主成分轴包括面团形成时间和容重。这 4 个主成分轴累计方差贡献率达到 90% 以上。

表4-12 籽粒、面粉品质指标的主成分分析

指标	第一类因子	第二类因子	第三类因子	第四类因子
蛋白质	0.630*	0.214	-0.161	0.372
湿面筋	0.631*	0.157	-0.332	0.250
吸水率	0.294	-0.088	0.657*	0.593
形成时间	0.319	0.403	0.268	-0.540*
延展性	0.448*	-0.178	0.388	0.030
沉降值	0.183	0.672*	0.181	-0.006
稳定时间	0.212	0.398*	-0.251	-0.070
容重	-0.199	0.343	0.338	-0.387*
特征值	3.099	1.789	1.376	1.056

（续表）

指标	第一类因子	第二类因子	第三类因子	第四类因子
相邻特征值之差	1.311	0.413	0.320	0.657
方差贡献率	0.387	0.224	0.172	0.132
累积方差贡献率	0.387	0.611	0.783	0.915

四、籽粒品质与面包产品质构、色差的相关分析

将面包产品质构、色差与小麦籽粒及面粉品质作相关分析（表 4-13），结果表明，影响面包产品质构及色差的主要品质指标是籽粒蛋白质、湿面筋含量和面粉沉降值。籽粒蛋白质和湿面筋含量越高，面包黏附性（相关系数分别为 0.342* 和 0.428**）及黏附伸长度（相关系数分别为 0.340* 和 0.389*）越大，L^* 值（相关系数分别为 -0.322* 和 -0.395*）和 b^* 值（相关系数分别为 -0.316* 和 -0.441**）则越小；面粉沉降值越大，面包黏附伸长度（相关系数为 0.340*）亦越大，但对黏附性、L^* 值和 b^* 值的影响不显著。依据上述指标对 39 个品种进行聚类（图 4-2），可以将 39 个品种划分为两大类：第一类包括豫麦 34、晋麦 67、晋农 128，这一类品种均为高蛋白强筋小麦，其面包产品黏附性及黏附伸长度大；第二类包括其余 36 个品种。在第二类中，以抗碱麦、201W22、豫麦 70、晋麦 72、临汾 10 号、太麦 8003 的籽粒与面粉品质及其面包产品相对较优，有望进一步改良。综合考虑，筛选出适合做面包的小麦品种 3 个，有望改良的品种 6 个。

表 4-13　面包质构、色差与籽粒及面粉品质的相关性

项目	相关系数							
	蛋白质	湿面筋	容重	吸水率	形成时间	稳定时间	延展性	沉降值
面包体积	0.236	0.213	-0.012	-0.048	0.150	-0.097	0.238	0.087
硬度	-0.264	-0.278	0.146	-0.147	-0.036	-0.083	-0.230	0.023
黏附性	0.342*	0.340	-0.130	0.260	0.245	0.195	0.238	0.227
黏附伸长度	0.428**	0.389*	-0.136	0.275	0.290	0.221	0.306	0.340*
内聚性	0.015	0.099	-0.152	0.268	-0.000	0.146	0.035	-0.053
弹性	0.095	0.058	-0.072	0.075	-0.060	-0.014	0.248	0.268
胶黏性	-0.230	-0.227	0.129	-0.030	0.010	-0.005	-0.198	0.026
咀嚼性	-0.263	-0.259	0.147	-0.018	0.025	-0.019	-0.159	0.083
L^*	-0.322*	-0.316*	0.099	-0.099	0.064	-0.280	0.013	0.171
a^*	0.092	0.063	0.063	0.034	-0.122	0.204	0.232	-0.093
b^*	-0.395*	-0.441**	0.245	-0.063	-0.027	-0.181	-0.298	0.193

注：* 表示 $P<0.05$；** 表示 $P<0.01$；*** 表示 $P<0.001$。

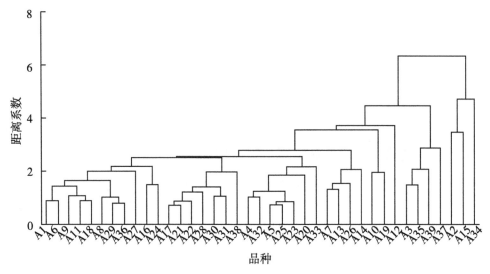

图 4-2　39 个品种适合制作面包的最短聚类

注：A1—晋麦 54，A2—晋麦 67，A3—晋麦 72，A4—黑芒麦，A5—舜麦 1718D，A6—运 C105，A7—运旱 2129，A8—临旱 7061，A9—晋麦 79，A10—临汾 10 号，A11—临选 2039，A12—长 4738，A13—长麦 6135，A14—晋中 838，A15—晋农 128，A16—040358，A17—046097，A18—晋太 0702，A19—太麦 8003，A20—太原 2005，A21—太麦 13907，A22—京冬 17，A23—中麦 175，A24—农大 3338，A25—CA0547，A26—CA0548，A27—陇育 4 号，A28—陇鉴 102，A29—陇鉴 9450，A30—烟麦 19，A31—沧 2007—H12，A32—静冬 0331，A33—乐亭 639，A34—豫麦 34，A35—豫麦 70，A36—淮麦 18，A37—抗碱麦，A38—平阳穗 1 号，A39—201W22。

五、讨　论

（一）关于小麦籽粒及面粉品质

本研究在前人研究的基础上，以相关分析、主成分分析及聚类分析相结合的方法，综合评价了小麦品种在晋中麦区种植后，其小麦籽粒及面粉品质与面包质构及色差的相关性。按 SB/T 10136—93《面包用小麦粉》中的判定规则，本试验品种中，近 3/5 的品种蛋白质含量达到强筋标准（14% 以上）；近 1/2 的品种湿面筋含量达到面包专用粉标准（30% 以上），其余品种则达到馒头专用粉标准（25%~30%）；晋中麦区更适合发展中强筋小麦品种。相关分析得出籽粒蛋白质和湿面筋含量越高，面包黏附性及黏附伸长度越大；面粉沉降值越大，面包黏附伸长度亦越大。这与王美芳等（2013）的研究一致，王美芳等认为沉降值、湿面筋指数、干面筋含量、面粉蛋白质含量、形成时间、稳定时间均与面包烘焙品质呈正相关，现阶段北方麦区品质育种的主攻对象是选育强筋型小麦品种。

（二）关于面包产品的质构特性与小麦品质

从面包产品质构特性的相关分析可知，面包产品的硬度和体积两个指标可以很好地反映出其他质构特性的信息。面包硬度反映了面包的适口性，它与面包体积及弹性呈负相关，同时弹性又影响着胶黏性、咀嚼性、内聚性等。这与唐晓珍等（2009）的研究基本吻合，他认为制作面包的小麦面粉，烘烤后的面包硬度小、体积大、弹性大、孔隙度均匀。研究表明，面包品质与面包的硬度、胶黏性、咀嚼性呈负相关，而与弹性及回复性（黏附伸长度）呈正相关，前者值越小，后者值越大，面包品质越好，越富有弹性，吃起来柔软劲道，且爽口不粘牙。而面包硬度和体积之间又呈高度显著负相关（相关系数 -0.704***）。面包在烘烤中体积增大的主要内在原因：①膨胀气源受热膨胀，如 CO_2、水、醇、酸、醛类；②淀粉糊化后膨胀；③蛋白质变性后形成刚性而维持已膨胀的体积结构。影响面包体积增大的主要环境因素：①前期发酵状况，包括酵母活力、面团持气性、醒发状态；②适宜的烘烤初温，若温度太高，面包很快形成，不利于后期体积延展膨胀；③适宜的烘烤湿度，湿热空气能润湿表皮，否则易破裂；④是否有烘烤模具，模具可以减少面包坯散发气体的有效面积。本试验中 39 种面包产品在一致的前期发酵条件、烘烤初温、烘烤湿度及烘烤模具下，影响面包产品体积的主要因素在于面粉品质，如蛋白质含量、蛋白质组分、淀粉含量、淀粉结构、糊化特性等（杨金等，2004）。以后的研究将从上述几个方面开展进一步的后续试验。

（三）关于面包产品的色差指标与小麦品质

面包烘焙中的成色反应主要包括 3 类：①美拉德反应，>150 ℃时面包组分中蛋白质、氨基酸等与糖、醛类物质发生的羰氨反应，形成由灰至金黄的颜色；②焦糖化反应，糖类在>180 ℃的高温下形成焦糖色，从而使食品着色；③酶促褐变，在 40~60 ℃时多酚氧化酶催化酚类物质的反应，形成褐色。美拉德反应是食品在加热或长期储存后发生褐变的主要原因；其次是焦糖化反应，面包加工过程中，添加适量糖有利于产品的着色；酶促褐变是次要的成色反应。本研究中，面包制作过程中，糖的添加量是一致的，因此，不同品种面包产品的成色差异主要取决于美拉德反应，或者说取决于面包中的蛋白质、氨基酸的含量，含量越高，上色越好。杨金等（2004）认为黄色素含量和面粉黄度影响面包品质性状，它们对品质均表现为较大的负向作用，本研究的结果与其吻合，即籽粒蛋白质和湿面筋含量越高，面包黏附性及黏附伸长度越大，L^* 值和 b^* 值则越小。

（四）综合评价

供试 39 个小麦品种在晋中麦区种植后，半数以上达不到面包产品要求，虽有部分品种的某些指标符合面包专用粉标准，但其中一些指标略有不足。如晋麦 72、抗碱麦、豫麦 70、临汾 10 号、太麦 8003 的沉降值、黏附性及黏附伸长度均不足，达不到面包专用粉标准；201W22 则是容重、黏附性及黏附伸长度指标不足；其余绝大多数品种多项指标均达不到面包专用粉标准。根据面包产品质构、色差与小麦籽粒及面粉品质的相关性分析，小麦籽粒蛋白质和湿面筋含量及面粉沉降值显著影响面包产品的黏附性、黏附伸长度、L^* 值和 b^* 值，而黏附性和黏附伸长度的外在体现是面包产品的体积和硬度。因此，本研究认为黏附性和黏附伸长度可以作为评价面包产品品质的重要指标，亮

度 L^* 值和黄度 b^* 值可以作为评价面包产品的辅助指标。值得一提的是，专用面包小麦豫麦34和晋麦67在晋中麦区种植后，其面粉吸水率、沉降值、面团形成时间和稳定时间均有所下降，达不到强筋水平，可能是由于栽培方式不同或气候因素等导致；晋农128虽然蛋白质含量较高，但面包体积远不及豫麦34和晋麦67，可能与蛋白蛋组分（麦谷蛋白、醇溶蛋白、清蛋白、球蛋白）的比例不同有关，也可能与淀粉结构类型或淀粉RVA糊化有关。后续试验将从栽培条件和气候因素入手，分析晋中麦区小麦籽粒的淀粉、蛋白质结构组分及其积累规律。

六、结　论

晋中麦区发展中强筋小麦品种的同时，更要注重湿面筋含量、延展性、容重、沉降值、面包体积、黏附性、黏附伸长度及面包色差指标的限制。其中，影响面包小麦的主要品质指标是蛋白质含量、湿面筋含量和沉降值；黏附性和黏附伸长度可以作为评价面包产品的重要指标；亮度值 L^* 和黄度值 b^* 可以作为评价面包产品的辅助指标。本研究筛选出适合在晋中麦区种植的面包小麦品种3个：豫麦34、晋麦67、晋农128；有望改良为面包小麦的品种6个：抗碱麦、201W22、豫麦70、晋麦72、临汾10号、太麦8003。

参考文献

陈荣江，朱明哲，孙长法，2007. 棉花新品种产量品质性状的综合评价及聚类分析[J]. 西北农业学报（4）：264-268.

陈淑萍，王雪征，茜晓哲，等，2009. 小麦品质性状评价与改良途径[J]. 河北农业科学，13（5）：45-47，59.

李韬，徐辰武，胡治球，等，2002. 小麦重要品质性状的遗传分析和面条专用型小麦的筛选[J]. 麦类作物学报（3）：11-16.

唐晓珍，董玉秀，位思清，等，2009. 彩粒小麦面包品质评价[J]. 中国粮油学报，24（10）：19-22.

陶海腾，齐琳娟，王步军，2011. 不同省份小麦粉面团流变学特性的分析[J]. 中国粮油学报，26（11）：5-8，13.

王美芳，赵石磊，雷振生，等，2013. 小麦蛋白淀粉品质指标与面包品质关系的研究[J]. 核农学报，27（6）：792-799.

杨金，张艳，何中虎，等，2004. 小麦品质性状与面包和面条品质关系分析[J]. 作物学报（8）：739-744.

张国增，郑学玲，钟葵，等，2012. 小麦面粉蛋白品质与其加工特性的关系[J]. 核农学报，26（7）：1012-1017.

张艳，阎俊，肖永贵，等，2012. 中国鲜面条耐煮特性及评价指标[J]. 作物学报，38（11）：2078-2085.

章绍兵, 陆启玉, 吕燕红, 2003. 面条品质与小麦粉成分关系的研究进展 [J]. 食品科技 (6): 66-69.

赵京岚, 李斯深, 范玉顶, 等, 2005. 小麦品种蛋白质性状与中国干面条品质关系的研究 [J]. 西北植物学报 (1): 144-149.

HABERNICHT D K, BERG J E, CARLSON G R, et al., 2002. Pan bread and raw Chinese noodle qualities in hard winter wheat genotypes grown in water limited environments [J]. Crop Science, 42: 1396-1403.

HAMID A N, NORMAN L D, PETER W G, et al., 2002. Mixing properties, baking potential, and functionality changes in storage proteins during dough development of triticale-wheat flour blends [J]. Cereal Chemistry, 79 (3): 332-336.

第五章

播期与播量互作条件下晋中麦区
小麦产量与品质研究

第一节　播期与播量对晋中麦区小麦产量与
籽粒蛋白质含量的影响

本节的研究内容见第二章第一节第九部分；指标测定方法见第二章第二节；数据处理与统计分析法见第二章第三节。

一、农艺性状差异

（一）各生育期株高比较

随生育进程的推移，黑芒麦、CA0547 和山农 129 的株高均表现为逐渐上升的变化趋势，其中 CA0547 最高，山农 129 次之，黑芒麦最低（图 5-1）。株高均随生育期推进差异逐渐变大，到抽穗期小麦基本以生殖生长为主，此时株高到达顶峰。同时也可以看出，3 个小麦品种的株高均以播期 A2 最高，A3 居中，A1 最低，其中后两个品种播期 A2 与 A1 的株高显著大于黑芒麦，说明播期对 CA0547 和山农 129 的株高影响大于黑芒麦。播期相同时，株高各播量之间表现为 B2>B3>B1，但总体来看播期对株高的影响大于播量，由此可见只有在适宜的播期与播量处理条件下，小麦的生长发育能力才能得以提高。

（二）各生育期总分蘖数及绿叶数比较

表 5-1 调查数据显示：供试的 3 个小麦品种，CA0547 与山农 129 从返青期到抽穗期，总分蘖数、绿叶数均大于黑芒麦，两项指标均以拔节期数值最大，返青期与抽穗期最小，可能是由于生育前期分蘖能力较弱，仅依靠主茎分蘖，分蘖数最多的有 2 个，最少的只有 1 个，因此单株绿叶数亦偏少（<5 张），而生育后期小麦由生殖生长转化为营养生长，无效分蘖基本全部死亡，仅留下有效分蘖或者主茎独秆。

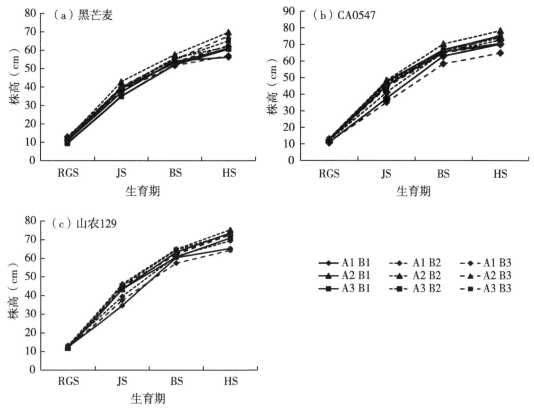

图 5-1 播期播量对小麦各生育期株高的影响

注：RGS—返青期，JS—拔节期，BS—孕穗期，HS—抽穗期。

表 5-1 播期播量对小麦总分蘖数及绿叶数的影响

品种	播期	播量	总分蘖数（个）				绿叶数（张）			
			返青期	拔节期	孕穗期	抽穗期	返青期	拔节期	孕穗期	抽穗期
黑芒麦	A1	B1	1.67a	3.00ab	1.67ab	1.33a	6.33abc	15.00ab	13.00a	9.00ab
		B2	1.33a	2.67ab	2.67a	1.33a	6.00bcd	12.00b	13.33a	8.33ab
		B3	1.33a	4.33a	1.67ab	0.67a	4.67d	21.00a	8.33bc	7.67ab
	A2	B1	1.67a	3.00ab	1.67ab	1.33a	6.00bcd	15.67ab	11.67ab	7.67ab
		B2	2.00a	4.00a	1.67ab	1.33a	5.00cd	15.67ab	9.33bc	9.67ab
		B3	1.33a	3.00ab	1.67ab	1.33a	5.00cd	15.33ab	6.00c	8.67ab
	A3	B1	1.67a	3.00ab	2.33a	1.67a	6.67ab	17.33ab	13.67a	10.33a
		B2	1.33a	2.67ab	2.33a	0.67a	7.67a	15.33ab	7.67c	6.33b
		B3	2.00a	2.33ab	1.67ab	1.67a	5.33bcd	14.00ab	7.00c	11.00a

（续表）

品种	播期	播量	总分蘖数（个）				绿叶数（张）			
			返青期	拔节期	孕穗期	抽穗期	返青期	拔节期	孕穗期	抽穗期
CA0547	A1	B1	2.00ab	3.67ab	2.33a	2.00a	6.67ab	19.67ab	13.00ab	10.67b
		B2	2.00ab	4.33a	2.67a	1.33ab	6.33abc	21.67a	15.33a	8.00b
		B3	2.00ab	3.67ab	2.00a	1.33ab	6.00bcd	14.67ab	13.00ab	6.00b
	A2	B1	2.00ab	3.00ab	2.00a	1.33ab	6.00bcd	18.00ab	11.67ab	9.67b
		B2	1.67b	4.33a	2.67a	1.33ab	6.00bcd	16.00ab	10.33ab	9.00a
		B3	2.00ab	3.33ab	2.33a	1.67ab	5.00cd	20.33ab	10.33ab	7.00b
	A3	B1	2.00ab	2.33b	1.67a	1.67ab	7.67a	14.67ab	9.67b	18.00a
		B2	2.33a	3.67ab	2.67a	1.67ab	6.67ab	15.00ab	8.67b	10.33b
		B3	1.67b	2.67ab	1.67a	1.33ab	5.33bcd	15.33ab	11.33ab	8.33b
山农129	A1	B1	2.00a	3.33a	2.67a	1.67a	8.00a	22.33a	16.00a	11.00a
		B2	1.33ab	4.67a	2.67a	1.67a	6.00ab	20.67a	18.33a	10.67a
		B3	1.33ab	3.33a	2.33ab	1.33a	5.33ab	20.33a	14.33ab	10.00a
	A2	B1	1.67ab	4.00a	2.33ab	1.33a	5.33ab	19.67ab	14.67ab	9.67a
		B2	1.00b	4.67a	2.00ab	1.67a	5.33ab	18.00a	11.67bc	10.00a
		B3	1.33ab	3.33a	2.33ab	1.33a	4.33b	16.00a	9.00c	9.67a
	A3	B1	2.00a	3.00a	3.00a	1.67a	6.67ab	16.00a	14.33ab	10.33a
		B2	2.00a	3.67a	3.00a	2.00a	6.33ab	13.67a	11.00bc	8.33a
		B3	2.00a	4.00a	2.33ab	2.00a	4.67b	13.33a	9.33c	10.00a

注：同列不同小写字母表示同一播量不同播期间差异显著（$P<0.05$），本章余同。

在生育期的4个时期同一播期不同播量之间，总分蘖数随着播量增加逐渐减少（B1>B2>B3），但差异不明显，而绿叶数则存在显著性差异，在返青期，同一播期内，绿叶数随播量增加而减少，原因是播量越大，小麦种植密度越大，分蘖越少，因此绿叶数也越少（B1>B2>B3）。随着生育期推进，绿叶数差异越来越小。同一播量不同播期之间，总分蘖数和绿叶数均没有达到显著性。由此看来，播量对这两项指标的影响大于播期。

（三）各生育期单株次生根数及主茎叶龄的比较

由表5-2可以看出，供试的3个小麦品种，次生根数以CA0547最多，山农129居中，黑芒麦最少；而主茎叶龄品种之间差异不明显。从返青期到抽穗期，次生根数平均在5.67~28.00个，主茎叶龄平均在4.57~10.57叶，两项指标均随着生育时期推进出现先升高后下降的趋势，以拔节期数值最大，返青期最小。

表 5-2　播期与播量对小麦次生根数和主茎叶龄影响

品种	播期	播量	次生根数（个）				主茎叶龄（叶）			
			返青期	拔节期	孕穗期	抽穗期	返青期	拔节期	孕穗期	抽穗期
黑芒麦	A1	B1	6.33bc	17.00ab	24.33a	10.67b	6.17a	9.60ab	8.00ab	7.27abc
		B2	6.67b	14.33bc	24.00a	13.33ab	4.83c	8.67bc	8.40a	7.70a
		B3	6.33bc	21.00a	19.00bc	15.00ab	5.60abc	10.20a	7.60ab	7.10abcd
	A2	B1	6.33bc	13.33bc	18.33bc	16.00ab	5.70abc	10.07a	7.97ab	7.43ab
		B2	6.00bc	10.33c	17.67bc	17.67a	5.60abc	9.97a	7.60ab	7.50a
		B3	5.67c	13.33bc	12.33d	14.33ab	5.83ab	10.17a	7.30abc	7.53a
	A3	B1	6.67b	12.33bc	21.00a	15.00ab	5.83ab	7.83c	8.37a	6.53cd
		B2	6.00bc	12.67bc	14.00cd	12.67ab	5.07bc	7.80c	6.93bc	6.37d
		B3	7.67a	13.67bc	9.67d	13.33ab	5.93ab	8.50bc	6.43c	6.53cd
CA0547	A1	B1	7.33bc	26.00a	24.33ab	28.67bc	5.97a	9.80ab	7.93a	7.83ab
		B2	8.33ab	23.00ab	28.00a	23.67cd	5.83a	10.47a	7.93a	7.17bc
		B3	8.67ab	18.00bc	18.00bcd	18.67d	5.87a	9.97b	7.43a	7.00bc
	A2	B1	7.33bc	15.00c	21.00abcd	19.33d	5.70a	10.00ab	7.93a	6.97bc
		B2	7.00bc	12.33c	15.00d	21.00d	5.50a	9.97a	7.43a	7.10bc
		B3	7.00bc	13.00c	23.33abc	17.00d	5.97a	9.50ab	7.43a	6.83bc
	A3	B1	8.67ab	14.33c	21.00abcd	37.67a	5.87a	9.97b	7.63a	8.43a
		B2	9.33a	13.67c	26.00a	31.33b	6.03a	9.43ab	7.43a	6.47c
		B3	6.33c	11.67c	23.33abc	22.00d	5.20a	9.27ab	7.80a	7.20bc
山农 129	A1	B1	7.33a	22.67a	26.00ab	13.33ab	5.83a	10.17a	8.63a	7.77a
		B2	7.33a	17.67ab	27.67a	9.67b	5.10abc	9.20a	8.00a	7.60a
		B3	7.00ab	18.67ab	18.33b	12.33ab	5.67a	9.37a	8.37a	7.70a
	A2	B1	6.33ab	19.00ab	19.67ab	17.00a	5.20abc	10.10a	8.37a	7.70a
		B2	5.67b	14.00bc	20.33ab	13.67ab	4.57c	10.57a	8.20a	7.77a
		B3	5.67b	11.33c	19.67ab	14.00ab	5.37abc	10.63a	7.93a	7.50ab
	A3	B1	7.33a	14.67bc	23.67ab	11.67b	5.13abc	9.27a	8.60a	6.53b
		B2	7.00ab	17.00b	21.33ab	12.33ab	4.63bc	9.60a	8.03a	6.53b
		B3	6.67ab	15.67bc	17.67b	14.67ab	5.60ab	9.13a	7.63a	7.17ab

在各生育时期，次生根数和主茎叶龄均随着播期的推迟逐渐减少（A1>A2>A3），说明播期早，冬前有效积温多，次生根多且主茎叶龄大，叶片长且宽；播期晚，冬前有效积温少，次生根少且主茎叶龄小，叶片短且窄。同一播期不同播量之间，两项指标均未达到显著性差异。由此可见播期对冬小麦次生根数和主茎叶龄的影响大于播量对其的影响。

二、植株含氮量、含磷量差异

播期与播量互作对植株含氮量、含磷量的影响均随着生育进程推移含量变小，原因可能是由于整个生育期，小麦生长经历了营养生长—生殖生长与营养生长并存—单纯的生殖生长转变的过程。到生育后期以增加粒重为主，故植株含氮量、含磷量会相对下降。

（一）各生育阶段植株含氮量比较

随着生育进程的推移，播期与播量对小麦植株地上部分含氮量的影响表现为单峰曲线变化趋势，且各处理均在拔节期到孕穗期之间出现最高值，随后呈下降趋势，直到灌浆期趋于最低（图5-2），各处理均达到显著性差异。同一播量不同播期条件下，黑芒麦、CA0547整个生育期植株含氮量均以播期A2最高，A1居中，A3最低；而山农129则以播期A1最高，A2居中，A3最低。同一播期不同播量条件下，植株含氮量随着播量增大逐渐变小，可能是由于播量越小，植株分蘖越多，单位面积植株地上部分含氮量就会增大，反之则减少。3个品种在灌浆期A3B3处理下含氮量下降很多。

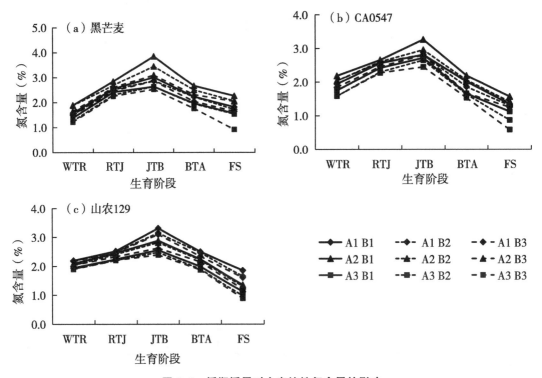

图5-2 播期播量对小麦植株氮含量的影响

注：WTR—越冬期至返青期，RTJ—返青期至拔节期，JTB—拔节期至抽穗期，BTA—抽穗期至开花期，FS—灌浆期。

不同处理黑芒麦、CA0547整个生育期植株含氮量平均值由高到低的顺序是A2B1>A2B2>A2B3>A1B1>A1B2>A1B3>A3B1>A3B2>A3B3；不同处理山农129整个生育期植株含氮量平均值由高到低的顺序是A1B1>A1B2>A1B3>A2B1>A2B2>A2B3>A3B1>A3B2>A3B3。

（二）各生育阶段植株含磷量比较

播期与播量对小麦各个生育期植株地上部分含磷量的影响以返青期之前为最高，随后呈下降趋势，灌浆期植株地上部分含磷量趋于最低（图5-3）。同一播量不同播期条件下，黑芒麦、CA0547 越冬期到返青期之间植株含磷量均以播期 A2 最高，A3 居中，A1 最低；而山农 129 则以播期 A1 最高，A2 居中，A3 最低。在拔节期各处理植株含磷量开始出现下降，开花时继续下降，直至灌浆期时达到最低点。

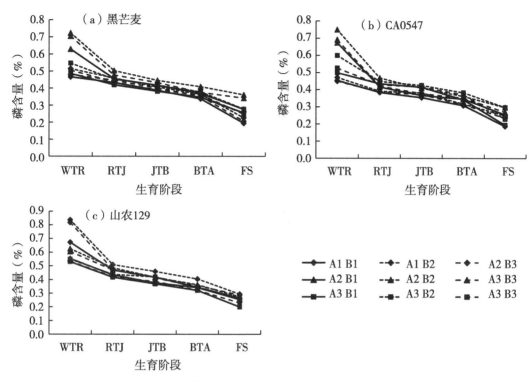

图 5-3　播期与播量对晋中小麦植株磷含量的影响

　　注：WTR—越冬期至返青期，RTJ—返青期至拔节期，JTB—拔节期至抽穗期，BTA—抽穗期至开花期，FS—灌浆期。

　　纵观整个生育期，播期与播量对冬小麦植株含磷量的影响呈直线下降趋势，返青前植株体内含磷量最高，随着作物生长含磷量逐渐降低，返青期到开花期下降缓慢，到灌浆初期急速下降，最后达到最小值。不同处理黑芒麦、CA0547 整个生育期植株含磷量平均值由高到低的顺序是 A2B2>A2B3>A2B1>A3B2>A3B3>A3B1>A1B2>A1B3>A1B1；不同处理山农 129 整个生育期植株含磷量平均值由高到低的顺序是 A1B2>A1B3>A1B1>A2B2>A2B3>A2B1>A3B2>A3B3>A3B1。

三、群体动态差异

（一）各生育期群体动态表现

　　如图 5-4 所示，所有品种各个处理间的群体变化大体表现一致，群体的总茎数随着生育进程，呈现先升高随后下降的趋势。3 种小麦各个条件均在拔节期群体总茎数达到顶峰，随后急速下滑。

　　群体总茎数随播期的推迟、播量的增大而呈现下降趋势，但趋势不是很明显，即无

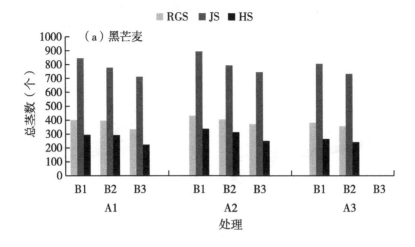

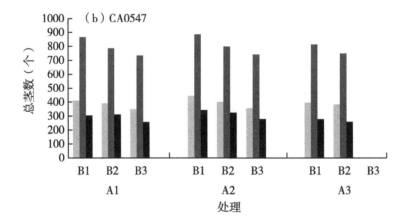

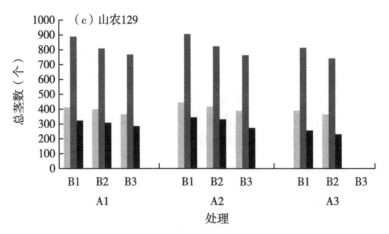

图 5-4　播期与播量对小麦总茎数的影响

注：RGS—返青期，JS—拔节期，HS—抽穗期。

效分蘖数可以通过延迟播期而降低。3个品种都是从拔节期后开始急剧下降，各播量处理间返青期到拔节期群体总茎数差异较小，拔节期到抽穗期差异较大。同一播量不同播期之间，小麦的群体总茎数表现为A2>A1>A3。同一播期不同播量之间，群体总茎数表现为B1>B2>B3。由图5-4可见，群体的目的是在基本苗增加的前提下，再加上群体的自身调节作用，确保小麦有高产结构，促进其生长。

（二）各生育期单株干物质积累规律

小麦产量的形成主要取决于群体干物质积累量，而群体干物质累积量又由单株干物质来决定。本试验结果表明（图5-5），3个小麦品种在各个处理间的单株干物质积累量随生育时间的推移呈上升趋势，积累量逐渐升高，到生殖生长阶段迅速增加。孕穗期之前单株干物质积累量少，积累速度慢；抽穗期到灌浆初期单株干物质积累量迅速增大，是快速上升的阶段。

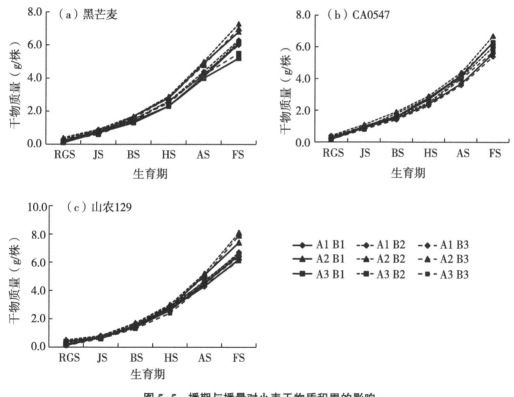

图5-5　播期与播量对小麦干物质积累的影响

注：RGS—返青期，JS—拔节期，BS—孕穗期，HS—抽穗期，AS—开花期，FS—灌浆期。

单株干物质积累量在小麦生育期随着播期的延迟而降低。整个生育期A2播期超过了A3播期，A1播期的干物质量却低于A3播期；同一播期不同播量之间单株干物质积累量以B2最大，B3居中，B1最小。因此，适当的播期配合播量，才利于群体干物质的积累，最终取得高产。

（三）灌浆期籽粒千粒重动态变化规律

由图5-6可以看出，随着灌浆时间的推移，3个小麦品种在各处理间籽粒千粒重表现出"S"形变化曲线，且在灌浆末期达到最高，灌浆5～15 d缓慢地增长，15 d后速度加快，到25 d后趋于平稳，但粒重仍在增加，为获取高产做准备。千粒重均表现为

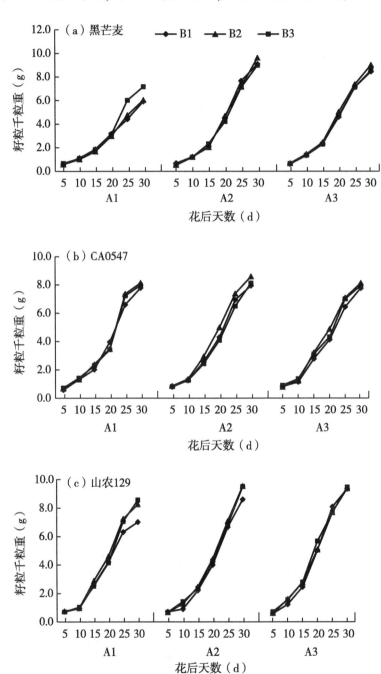

图5-6 播期与播量对小麦千粒重的影响

A2 最大，A3 居中，A1 最小，其中 A1 播期千粒重与 A2 和 A3 差异性显著，原因之一可能是试验地块问题，灌溉时水分吸收不充足；原因之二可能是小麦于 2015 年拔节期前几天发生了冻害，致使拔节期推迟，早播在越冬时小麦就由于前期生长过快，后期发生了早衰，因此影响了籽粒千粒重。播期一致，千粒重随播量变化表现为 B2>B3>B1，3 个播量之间差异不是很明显。由此看来播期对其影响优于播量。

四、产量及其构成因素

本试验中，播期与播量对晋中小麦产量及其构成的影响如表 5-3 所示。表 5-3 表明，3 个小麦品种均成穗数不足（<600 万穗/hm²）；除 CA0547 的穗粒数仅 35 粒外，其他两个品种各个处理条件下穗粒数均在 40 粒左右；3 个品种的千粒重均在 43 g 以上，但山农 129 甚至可达 50 g 以上。最终收获的籽粒产量，以本地主推品种山农 129 最高，达到 4900 kg/hm² 以上，CA0547 最低，仅 4000 kg/hm²。

播期一致，产量构成因素穗数、穗粒数随播量不同均表现为 B2>B3>B1；而千粒重则相反，表现为 B1>B3>B2。播量一致，不同播期间的产量构成因素中，黑芒麦、CA0547 的穗数、穗粒数表现为 A2>A3>A1；山农 129 则表现为 A3>A2>A1。黑芝麦、CA0547 的千粒重表现为 A1>A3>A2，山农 129 则为 A1>A2>A3。总之，播期不同对小麦穗数、穗粒数产生的影响与其对千粒重的影响恰好相反。从产量构成的三因素看，单个因素最高的处理并不是产量最高的，说明协调好产量三因素是冬小麦获得高产的重要条件。

黑芒麦、CA0547 的籽粒实际产量、理论产量随着播期延迟与播量增大表现为先升高后降低，适播产量最大，晚播次之，早播最小；而山农 129 则表现为逐渐下降。研究发现推迟播期且增大播量后产量的增加是由穗数、穗粒数共同实现的。适当播期与适宜播量互作时，穗数、穗粒数会显著增加，从而弥补了播期过早或过迟、播量过小或过大而降低籽粒千粒重，保证其产量。通过播期和播量的配合，黑芒麦、CA0547 均为 A2B2 处理产量最高，而山农 129 则以 A3B2 产量最高。

表 5-3　播期与播量对小麦产量及其构成因素的影响

品种	播期	播量	穗数（万穗/hm²）	穗粒数（粒）	千粒重（g）	实际产量（kg/hm²）	理论产量（kg/hm²）
黑芒麦	A1	B1	199f	39b	46.85a	3411.08i	3636.03i
		B2	203f	43ab	45.10c	3892.47g	3936.78g
		B3	200f	40ab	46.50b	3589.42h	3720.00h
	A2	B1	335c	43ab	41.40g	4707.51c	5963.67c
		B2	356a	44a	40.37i	5178.14a	6320.42a
		B3	345b	44a	40.85h	4765.84b	6201.03b
	A3	B1	238e	40ab	44.90d	4071.87f	4274.48f
		B2	274d	43ab	44.11f	4524.47d	5197.04d
		B3	267d	42ab	44.75e	4345.67e	5018.27e
	平均		269	42	43.87	4283.82	4918.64

（续表）

品种	播期	播量	穗数 （万穗/hm²）	穗粒数 （粒）	千粒重 （g）	实际产量 （kg/hm²）	理论产量 （kg/hm²）
CA0547	A1	B1	209i	29d	48.95a	2887.87i	2966.86i
		B2	237g	30d	48.65c	3271.38g	3459.02g
		B3	227h	29d	48.80b	3044.55h	3212.50h
	A2	B1	312c	38ab	46.26g	4855.39c	5483.40c
		B2	386a	39a	44.71i	5248.75a	6729.14a
		B3	345b	39a	45.74h	5153.44b	6155.66b
	A3	B1	262f	35c	48.10d	3609.73f	4410.77f
		B2	303d	37abc	47.60f	4827.21d	5336.44d
		B3	267e	36bc	48.00e	3862.92e	4613.76e
	平均		283	35	47.42	4084.58	4707.51
山农129	A1	B1	212i	38b	55.35a	4299.76i	4459.00i
		B2	248g	40b	54.95b	4698.11g	5451.04g
		B3	229h	38b	55.30a	4671.60h	4812.21h
	A2	B1	265f	39b	54.65c	4720.84f	5648.08f
		B2	296d	40b	52.05e	5080.41d	6162.72d
		B3	285e	39b	53.45d	4788.57e	5940.97e
	A3	B1	312c	40b	51.52f	5207.23c	6396.00c
		B2	330a	44a	50.00h	5396.33a	7260.00a
		B3	320b	40b	50.75g	5294.51b	6496.00b
	平均		277	40	53.11	4906.00	5847.00

根据表5-3中实际产量，对不同播期与播量条件下的3个小麦品种进行方差分析（表5-4），播期和播量均会显著影响小麦的产量，并且播期和播量间存在极显著的互作效应。

表5-4　小麦产量方差分析

品种	变异来源	平方和	自由度	均方	F 值	P 值
黑芒麦	播期	4548472.2857	2	2274236.1429	7321113.1420 ***	0.0001
	播量	664479.8973	2	332239.9486	1069531.0870 ***	0.0001
	播期×播量	38410.3371	4	9602.5843	30912.1840 ***	0.0001
CA0547	播期	12218210.4820	2	6109105.2410	6122483680.7250 ***	0.0001
	播量	1362996.6238	2	681498.3119	682990737.3270 ***	0.0001
	播期×播量	604968.8967	4	151242.2242	151573432.2580 ***	0.0001
山农129	播期	1672259.0141	2	836129.5070	647417.5920 ***	0.0001
	播量	300201.5210	2	150100.7605	116223.4700 ***	0.0001
	播期×播量	80094.2948	4	20023.5737	15504.3130 ***	0.0001

注：* 表示5%显著性；** 表示1%显著性；*** 表示0.1%显著性。

五、灌浆期籽粒蛋白质积累特性

（一）籽粒蛋白质及其组分含量的差异

由表 5-5 可看出，不同处理条件下 3 个小麦品种籽粒蛋白质及其组分含量、谷醇比（谷蛋白含量/醇溶蛋白含量）均随着播期推迟呈现出"低—高—低"抛物线形变化，蛋白质含量除 CA0547 各播期之间差异均未达显著水平外，黑芒麦、山农 129 各播期之间差异均达显著水平。由此看来适时播种有利于提高小麦蛋白质含量、改善营养品质。

表 5-5　不同播期与播量小麦蛋白质及其组分含量的差异

品种	播期	播量	清蛋白（%）	球蛋白（%）	醇溶蛋白（%）	谷蛋白（%）	谷醇比	蛋白质含量（%）
黑芒麦	A1	B1	2.16abc	1.91a	3.45abc	3.88abcd	1.12	14.35cdefgh
		B2	2.25abc	1.93a	3.48abc	3.96abcd	1.14	14.87abcd
		B3	2.18abc	2.00a	3.43abc	3.95abcd	1.15	14.76abcde
	A2	B1	2.21abc	2.09a	3.51abc	4.05abcd	1.16	14.87abcd
		B2	2.35abc	2.01a	3.57abc	4.12abc	1.15	15.43a
		B3	2.31abc	1.98a	3.49abc	4.07abcd	1.17	14.79abcde
	A3	B1	2.21abc	1.86a	3.05bc	3.54abcd	1.16	14.64abcdef
		B2	2.25abc	1.95a	3.18abc	3.77abcd	1.19	14.97abc
		B3	2.23abc	1.83a	3.11abc	3.57abcd	1.15	14.54bcdefg
CA0547	A1	B1	2.21abc	1.93a	3.45abc	4.00abcd	1.16	14.85abcde
		B2	2.25abc	1.99a	3.58ab	4.18ab	1.17	15.11abc
		B3	2.23abc	2.00a	3.51abc	4.21ab	1.20	14.65abcdef
	A2	B1	2.56ab	2.19a	3.59ab	4.17ab	1.16	14.67abdef
		B2	2.65a	2.22a	3.67a	4.33a	1.18	15.24ab
		B3	2.55ab	1.98a	3.59ab	4.12abc	1.15	14.96abc
	A3	B1	2.29abc	2.17a	3.33abc	3.85abcd	1.16	14.65abcdef
		B2	2.36abc	2.25a	3.41abc	3.98abcd	1.17	15.21ab
		B3	2.21abc	2.08a	3.37abc	3.91abcd	1.16	14.75abcde
山农 129	A1	B1	2.13abc	1.86a	3.11abc	3.44bcd	1.11	13.81gh
		B2	2.22abc	1.94a	3.20abc	3.51bcd	1.10	13.95fgh
		B3	2.20abc	1.86a	3.08abc	3.33cd	1.08	13.74h
	A2	B1	2.19abc	1.98a	3.10abc	3.34cd	1.08	13.88gh
		B2	2.27abc	2.04a	3.17abc	3.59abcd	1.13	14.09defgh
		B3	2.18abc	1.97a	3.12abc	3.47bcd	1.11	13.85gh
	A3	B1	1.91c	1.76a	2.97c	3.30d	1.11	13.76h
		B2	2.01bc	1.86a	3.11abc	3.44bcd	1.11	13.98fgh
		B3	1.99bc	1.72a	3.09abc	3.29d	1.06	13.87gh

不同播期对 3 个小麦品种蛋白质组分含量的影响，除球蛋白之间没有显著性差异外，其他蛋白质之间均存在显著性差异。A2 播期清蛋白含量增加，但黑芒麦、CA0547 各播期间之间差异未达到显著水平，而山农 129 的 A1、A2 与 A3 播期间差异显著。3 个品种的球蛋白含量无明显差异，而醇溶蛋白和谷蛋白均在 A2 播期时含量最高。黑芒麦、CA0547 各播期的谷醇比在 1.12~1.20，山农 129 的谷醇比在 1.06~1.13。播量对籽粒蛋白质及其组分的影响不明显。

(二) 籽粒蛋白质动态变化规律

图 5-7 显示，随着灌浆时间的推进，小麦籽粒蛋白质含量呈先升高后降低的 "V" 形动态趋势，且在花后 15 d 蛋白质含量趋于最低值，15 d 之后逐渐上升，到花后 30 d 时含量达到最高值，15~25 d 的上升幅度明显大于 25 d 以后。黑芒麦、CA0547 籽粒蛋白质含量大于山农 129，但均以 A2 播期最高，而播量对其影响差异不是很明显。尽管 3 个小麦品种蛋白质积累趋势大致相同，但由于小麦品种类型存在差别，对播期引起的环境条件变化的适应性有差异，其受影响的程度也不同，其中山农 129 于 25 d 后蛋白质积累速率大于黑芒麦和 CA0547，但最终含量并不及这两个品种。

(三) 籽粒蛋白质组分含量动态变化规律

本研究表明，灌浆过程中小麦籽粒蛋白质组分含量的积累规律基本保持一致。清蛋白含量在灌浆初期较高，随着灌浆时间的推进，逐渐呈下降趋势；在整个籽粒发育过程中球蛋白始终保持含量最低，花后 15 d 时最低，之后回升；醇溶蛋白含量、谷蛋白含量均随着籽粒生长发育逐渐升高。

图 5-8 表明，播期与播量对花后籽粒清蛋白含量的变化有影响。在整个灌浆期，随灌浆进程清蛋白含量呈现递减趋势，同一播量不同播期清蛋白含量在灌浆初期表现为 A1 最高，A2 居中，A3 最低。即早播促进籽粒清蛋白的合成，晚播则抑制合成，但随着灌浆速率的推进，这种抑制现象逐渐消失。到花后 30 d 时，3 个小麦品种籽粒清蛋白含量表现为 A2>A1>A3。同一播期不同播量之间清蛋白含量表现为 B2 最高，B1 与 B3 之间基本相同。3 个小麦品种清蛋白含量则表现为黑芒麦>CA0547>山农 129。

图 5-9 可以看出，播期与播量对球蛋白含量积累的影响表现为，灌浆初期（5~15 d）持续下降，到 15 d 达到最低值，15 d 以后开始上升，一直持续到灌浆后期。随播期推迟球蛋白含量有所不同，即 A2>A1>A3，且以 A2 对球蛋白含量的增加作用较为明显，而 A1 与 A3 相比，A1>A3，其中 CA0547 在播期与播量互作条件下其球蛋白含量增加效果比另外两个品种明显。播量对球蛋白含量的影响不明显，但基本是 B1 和 B2 优于 B3。

从图 5-10 可以看出，不同处理条件下，小麦花后籽粒醇溶蛋白含量总体表现为 "S" 形动态趋势。黑芒麦、CA0547 两个品种醇溶蛋白含量均是在灌浆 15 d 后开始直线上升，到 25 d 以后速率减慢，增长速度较平缓；而山农 129 则是到灌浆 20 d 时才直线上升，同样到 25 d 后速率下降，但含量仍在增加，直到灌浆结束达到最大值。

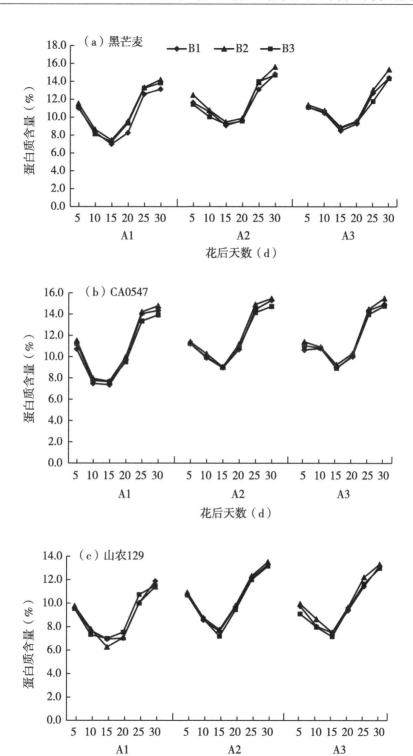

图 5-7　播期与播量对小麦籽粒蛋白质含量动态变化的影响

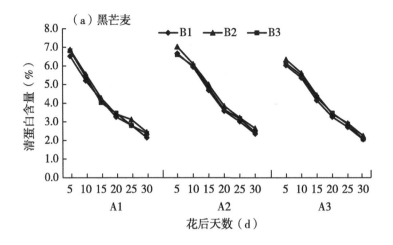

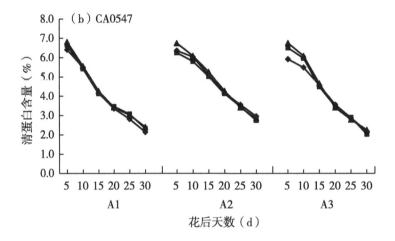

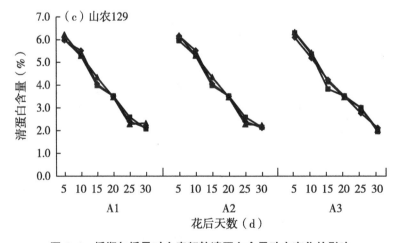

图 5-8　播期与播量对小麦籽粒清蛋白含量动态变化的影响

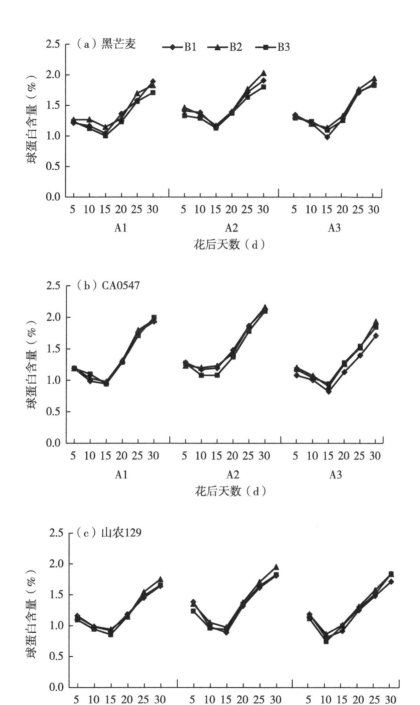

图 5-9　播期与播量对小麦籽粒球蛋白含量动态变化的影响

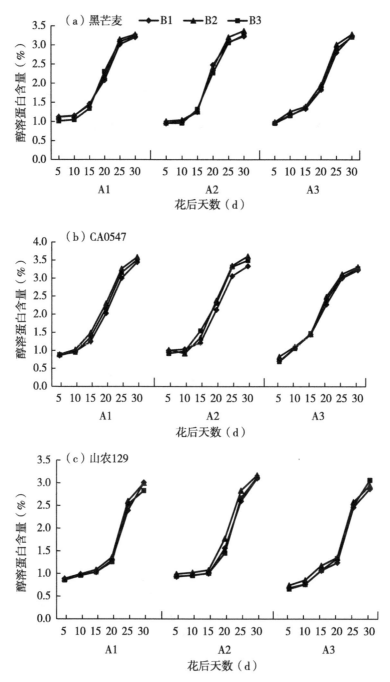

图 5-10　播期与播量对小麦籽粒醇溶蛋白含量动态变化的影响

　　同一播量不同播期之间 3 个小麦品种籽粒醇溶蛋白含量均以 A2 播期最大，A1 居中，A3 最小。同一播期不同播量之间，播量对黑芒麦、山农 129 这两个品种的影响不显著，3 个播量的小麦籽粒醇溶蛋白含量不相上下，但对 CA0547 的影响比较显著，表现为 B2>B3>B1。

由图 5-11 可以看出，小麦籽粒谷蛋白含量随着灌浆进程呈直线上升趋势。黑芒麦、CA0547 以 A2 播期含量最高，A3 最低；而山农 129 则随着播期推迟含量增加。同一播期不同播量比较，黑芒麦 B2 播量籽粒谷蛋白含量最高，其他两个品种播量之间差

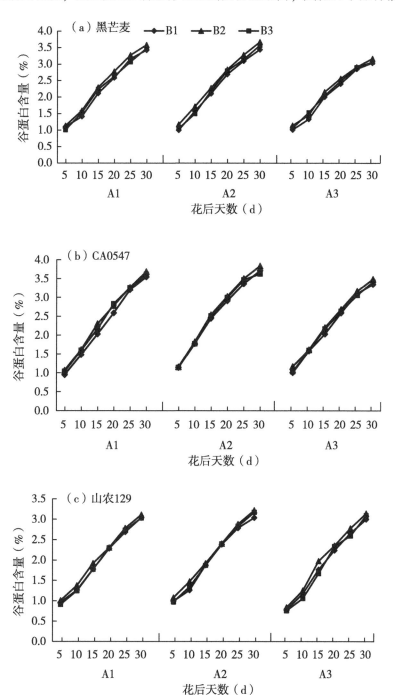

图 5-11　播期与播量对小麦籽粒谷蛋白含量动态变化的影响

异不显著，但播量 B1 的籽粒谷蛋白含量始终保持最低。

（四）籽粒谷蛋白大聚合体（GMP）含量动态变化规律

由图 5-12 可以看出，随着灌浆进程的推移，不同播期播量下 GMP 积累规律大致相同，均表现一低谷两高峰的规律。灌浆开始至花后 15 d，GMP 含量大量积累，此为第一个高峰；15 d 以后，GMP 含量降低，在花后 20 d GMP 含量降到最低点，这时出现低谷；而后 GMP 含量开始上升，在花后 25 d 达到第二个高峰，25 d 后直到灌浆末期 GMP 含量逐渐降低，灌浆始期 GMP 含量大于灌浆末期。虽然各处理 GMP 含量积累趋势大致相同，但处理间均达到显著性差异。其中，黑芒麦、CA0547 于 5~15 d 差异比较明显，而山农 129 则是在 20~25 d 差异显著。

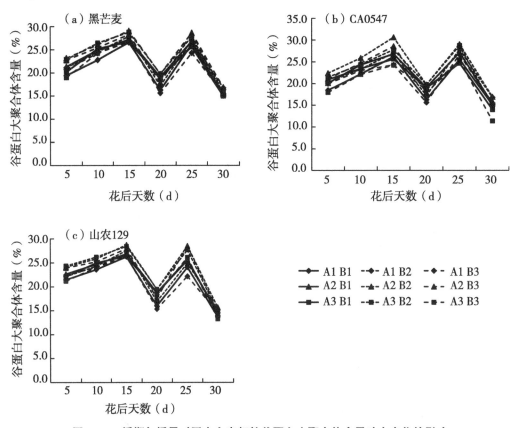

图 5-12　播期与播量对晋中小麦籽粒谷蛋白大聚合体含量动态变化的影响

纵观整个灌浆周期，A2 播期 GMP 含量增长速率最快，其次为 A3，最慢为 A1。3 个品种均在 A2B2 处理下 GMP 含量最高，其他处理差异不显著。由此可知，播期对 GMP 积累有显著影响，播量对 GMP 无显著影响。

六、品质聚类分析

通过对 3 种小麦品质指标进行聚类（图 5-13），将黑芒麦、CA0547 这两个品种划分为两类：A2B2 为第一类，其他处理为第二类。山农 129 则分为三大类：A3B2 为第一类，A1B1、A1B2、A1B3、A2B1、A2B2 和 A2B3 为第二类，A3B1 和 A3B3 则为第三类。可见，黑芒麦、CA0547 品质以 A2B2 最好，山农 129 则以 A3B2 最好。这可能与山农 129 的品种特性有密切关系。

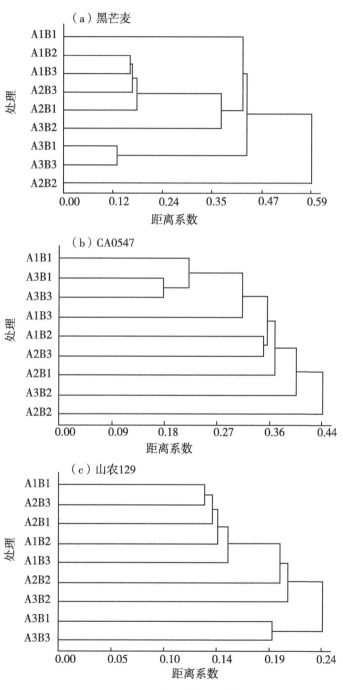

图 5-13　小麦品质最短聚类

七、讨　论

（一）播期与播量互作对晋中麦区小麦农艺性状的影响

王丽娜（2012）等研究发现不同播量对株高并没有一定的影响，而本试验中播量一致对农艺性状的影响表现为株高均以 A2 最高；同一播期不同播量条件下，株高大体表现为 B2>B3>B1，但总体来看播期对其影响要大于播量，这与其他研究结果不太相符，初步断定是由于地域、气候或者土壤性质等因素的影响，还有待进一步探讨；随播期推迟，次生根数、主茎叶龄均逐渐减少，与杨春玲（2009）等研究结果基本相同。随着生育期推进，同一播期条件下，总分蘖数随着播量增加逐渐减少，绿叶数存在显著性差异，于返青期，播期一致，绿叶数随播量增加而减少。总体来看播期对株高、次生根数及主茎叶龄的影响大于播量，而播量对总分蘖数、绿叶数的影响大于播期。

（二）播期与播量互作对晋中麦区小麦植株含氮量、含磷量的影响

有研究认为，适量的密度有利于小麦植株的氮素积累（查菲娜等，2010）。本研究中同一播期不同播量条件下，植株含氮量随着播量增大逐渐变小，可能是由于播量越大，植株分蘖越少，单位面积植株含氮量就会减小，与其他研究一致。本试验中同一播量不同播期条件下，黑芒麦、CA0547 整个生育期植株含氮量均以播期 A2 最高，而山农 129 则以播期 A1 最高。

前人对植株含磷量研究较少，即便研究都是在玉米或大豆方面，而小麦方面少之又少，尤其是播期与播量互作对小麦含磷量的影响的研究几乎没有。有研究认为，超高产小麦不同产量水平各处理植株体内含磷量均呈单峰曲线变化，出苗—越冬期最高，在返青期有一个峰值，之后随生育进程逐渐下降。本试验中结果显示：在拔节期各处理植株含磷量开始出现下降，开花期继续下降，到灌浆期达到最低点。黑芒麦、CA0547 越冬期到返青期之间含磷量仍以播期 A2 最高；而山农 129 以播期 A1 含磷量最高。

（三）播期与播量对晋中麦区小麦群体动态的影响

播期与播量是小麦重要的栽培措施之一，适宜的播期与播量可以创建合理的群体结构（吴九林等，2005；张维诚等，1998）。建立合理的群体结构，合理地解决群体发展与个体发育的矛盾，充分利用光能和地力，协调发展穗数、粒数、粒重，是达到高产的根本途径（于振文，2003）。因此，选择适宜的播期与播量对小麦实现高产尤为重要。本试验结果显示：群体的总茎数随着生育进程的推进，呈现出了先升高后下降的趋势，随播期的推迟、播量的增大而呈现下降趋势，但趋势不是很明显，即无效分蘖数可以通过延迟播期而降低，与刘万代（2009）等研究一致。

干物质积累是经济产量形成的物质基础（Snyder，1984）。有研究认为灌浆期干物质积累越多，越容易形成高产（Ferrise，2010）；但又有人认为，干物质积累太多反而会导致产量的下降（Puckridge 等，1967；Singer 等，2007）。杨春玲等（2009）研究表

明延迟播期后，适当增加密度可以形成高产群体，确保产量不降低或略显降低，本研究
3 个小麦品种各个处理间单株干物质积累量随生育进程的推进呈现出上升趋势，积累量
逐渐升高，均以 A2B2 处理干物质积累量最大，这与张敏等（2013）的研究存在差异，
这可能与试验所选品种、环境条件和播种密度有关。

千粒重对最终产量贡献较大（Dias 和 Lidon，2009）。千粒重随播期推迟先增加后
减少，随播量的增加而减少（郝有明等，2011）。本试验结果显示：随着灌浆进程的推
移，3 个小麦品种籽粒千粒重表现为"S"形曲线的变化趋势，均以 A2 播期最大，其
中 A1 播期千粒重与 A2 和 A3 差异较大，原因可能是由于地块问题，灌溉时水分吸收不
充足或麦子于拔节期前几天发生了冻害，因此影响了籽粒千粒重。同时，各个播量处理
之间千粒重差异不是很明显。由此看来，播期对千粒重的影响远大于播量。

（四）播期与播量对晋中麦区小麦产量及其构成的影响

关于播期密度对产量及其构成要素的影响，前人研究有所不同，小麦的播期和产量
回归分析复合二次曲线关系显示随着播期的推迟小麦产量先呈升高趋势，当达到临界值
后开始下降（李豪圣等，2011）。刘万代等（2009）研究显示产量随着播期延迟和密度
增加而增加。适当延迟播期配以适当密度可以发挥小麦的高产潜力。代维清等
（2012）认为，播期推迟使得千粒重降低、穗粒数增加。

本研究表明，延迟播期且增大播量后产量的增加是由穗数、穗粒数来实现的，不同
播期对小麦穗数、穗粒数的影响与对千粒重的影响相反，但是从产量构成三因素看，单
个因素最高的处理并不是产量最高的，说明必须三因素协调好，冬小麦才有望获得高
产。试验结果显示播期适当且播量适量时，穗数、穗粒数显著增加，与姜丽娜等
（2011）、刘万代等（2009）、李豪圣等（2011）的研究不尽一致，可能为播量设计、生
态环境、栽培措施不同所致。黑芒麦、CA0547 适宜播量 225 kg/hm²，与赵广才
（2008）提出的针对多穗型品种黄淮冬麦区控制的基本苗一致。

小麦品种要获得高产，其一必须抓住播种适期，其二在适期播种的基础上要掌握好适
宜的播量。同时大面积生产中应协调发展产量构成的各个因素，确保稳定穗数夺高产。从
播期上看，播期适中，小麦成穗数高，产量越高；播期过早或过晚，产量均降低。播种较
晚时，由于冬前积温不足，虽然成穗率高，但单株分蘖显著减少，影响产量提高。

（五）播期与播量对晋中麦区小麦灌浆期籽粒蛋白质积累特性的影响

关于播期与播量对小麦籽粒蛋白质及其组分含量的影响，前人已做了大量的研究
（赵广才等，2005；付雪丽等，2008；赵春等，2005）。提高小麦籽粒蛋白质含量并改
变蛋白质各组分所占比例可以提高小麦加工品质（王月福等，2003）。试验结果显示：
各播期黑芒麦、CA0547 的谷醇比在 1.12~1.20，山农 129 的谷醇比在 1.06~1.13，由
此推断，黑芒麦、CA0547 两个品种的品质性状优于山农 129，这与王月福（2003）等
的研究结果相符。

播量对小麦籽粒蛋白质有一定的影响。一般认为，播量造成作物群体结构不同，从
而带来温光等生态条件的差异，导致产量与品质的差异。海江波等（2002）研究表明，

小偃 503 在关中平原种植，播量为 105 kg/hm² 时，群体、个体以及产量与品质性状协调最好。雷钧杰等（2007）研究表明，随着播量的增加，籽粒蛋白质含量变化呈现先增加后降低的抛物线趋势。另有研究发现，随着播期的推迟，小麦蛋白质含量增加（王宙和麻慧芳，2007）。随着种植密度的增加，小麦籽粒蛋白质含量呈上升趋势（李卓夫等，1994）。由此可见，适宜播期和密度因地区和品种而异。

本研究表明，不同处理条件下 3 个小麦品种籽粒蛋白质及其组分含量、谷醇比均随着播期推迟呈现出"低—高—低"抛物线型变化，这与王宙和麻慧芳（2007）的研究结果不太一致，原因可能是由于播种时间或品种特性所致。各播期处理籽粒蛋白质含量除 CA0547 之间差异均未达显著水平外，黑芒麦、山农 129 之间差异均达显著水平。不同播期对蛋白质组分含量的影响，除球蛋白之间没有显著性差异外，其他蛋白质之间均存在显著性差异。A2 播期清蛋白含量增加，但各播期间黑芒麦、CA0547 差异未达到显著水平，而山农 129 在 A1、A2 播期与 A3 播期间差异显著。3 个品种的球蛋白含量无明显差异；而醇溶蛋白和谷蛋白含量也均在 A2 播期时含量最高。播量对籽粒蛋白质及其组分的影响不明显。

不同播期与播量下 GMP 积累均呈现一个低谷、两个高峰的规律。虽然各处理 GMP 含量积累趋势大致相同，但处理间差异显著。纵观整个灌浆周期，3 个品种均在 A2B2 处理下 GMP 含量最高，其他处理差异不显著。由此可知播期对 GMP 积累有显著影响，而播量对 GMP 影响不显著。

八、结 论

在大田条件下，以黑芒麦、CA0547、山农 129 为试验材料，分别设置 3 个播期为 2014 年 10 月 3 日（A1）、2014 年 10 月 8 日（A2）、2014 年 10 月 13 日（A3），3 个播量为 150 kg/hm²（B1）、225 kg/hm²（B2）、300 kg/hm²（B3）。研究播期与播量对冬小麦农艺性状、植株含氮量、植株含磷量、群体动态、产量与籽粒蛋白质的影响。主要研究结果如下。

（1）播期与播量对小麦农艺性状均有不同程度的影响。供试的 3 个小麦品种，山农 129 长势最好，CA0547 居中，黑芒麦最差。同一播量不同播期之间，株高均以播期 A2 最高；次生根数、主茎叶龄则随着播期的推迟而逐渐减少；总分蘖数、绿叶数均随着播量增加而逐渐减少。总体来看播期对株高、次生根数及主茎叶龄的影响大于播量，而播量对总分蘖数、绿叶数的影响大于播期。随生育进程推移，植株地上部分含氮量、含磷量变小。同一播量不同播期条件下，黑芒麦、CA0547 整个生育期植株含氮量、含磷量均以播期 A2 最高，而山农 129 则以播期 A1 最高。

（2）随着生育进程的推进，群体的总茎数呈现出了先升高后下降的趋势；单株干物质积累量随生育进程的推进呈现出上升趋势，且以处理 A2B2 最大；随着灌浆进程的推移，籽粒千粒重表现为"S"形曲线的变化趋势，且播期对千粒重的影响远大于播量。因此，适当播期与播量前提下，才有利于群体干物质的积累。

（3）最终收获的籽粒产量：山农 129>黑芒麦>CA0547。黑芒麦、CA0547 的籽粒实际产量、理论产量随着播期延迟和播量增大而增加，以 A2B2 最高；山农 129 则以 A3B2 最高。

（4）3 个小麦品种于成熟期籽粒蛋白质及其组分含量、谷醇比均随播期推迟呈现出"低—高—低"的变化；而灌浆过程中，小麦籽粒蛋白质含量变化为"V"形动态趋势。随灌浆时间的推进，清蛋白含量逐渐下降，球蛋白始终保持最低，醇溶蛋白含量、谷蛋白含量均逐渐升高。蛋白质组分均以 A2B2 最高，但播期对籽粒品质影响显著大于播量。3 个品种 GMP 积累均呈现"一低谷两高峰"的规律且均以 A2B2 最高，其他处理差异不显著。

（5）综合考虑，适当播期与播量可以实现籽粒产量与籽粒蛋白质的协同提高。本试验得出，黑芒麦和 CA0547 兼顾高产与优质的最适宜播期为 10 月 8 日，播量为 225 kg/hm²。山农 129 则以播期 10 月 13 日、播量 225 kg/hm² 最佳。

第二节　晚播条件下播期与播量对小麦籽粒灌浆特性的影响

本节的研究内容见第二章第一节第十部分；指标测定方法见第二章第二节；数据处理与统计分析方法见第二章第三节。

一、籽粒千粒重灌浆模型的建立

由图 5-14、表 5-6 可知，在晚播且不同的播期与播量条件下，CA0547 小麦品种千粒重积累均呈"慢—快—慢"的"S"形变化趋势。从表 5-6 可以看出，一元三次方程曲线的相关系数 R^2 均接近于 1，表明一元三次多项式模拟方程可以充分反映强筋小麦千粒重的形成过程，尽管不同播期与播量条件下曲线趋势相同，但方程参数间仍然存在一定的差异。

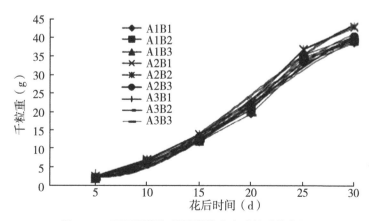

图 5-14　不同播期与播量强筋小麦千粒重的积累

表 5-6　不同播期与播量强筋小麦粒质量积累曲线方程参数

处理	a	b	c	d	R^2
A1B1	6.6267	−1.6720	0.1827	−0.0030	0.9934
A1B2	6.8267	−1.7698	0.1912	−0.0032	0.9925
A1B3	6.7033	−1.8075	0.1989	−0.0034	0.9938
A2B1	6.8667	−1.7342	0.1817	−0.0029	0.9926
A2B2	6.7200	−1.6581	0.1765	−0.0028	0.9859
A2B3	6.7333	−1.8029	0.1911	−0.0031	0.9809
A3B1	7.2600	−1.7748	0.1982	−0.0033	0.9952
A3B2	6.8200	−1.7353	0.1929	−0.0032	0.9931
A3B3	6.9933	−1.7583	0.1955	−0.0032	0.9940

注：R^2 代表一元三次方程拟合的相关系数。

从表 5-7 可以看出，CA0547 小麦品种实际千粒重随播期的推迟而提高，处理 A1B2 与 A1B3 之间差异不显著，处理 A3B2 与 A3B3 之间差异不显著，但二者与其他处理间差异达显著水平；理论最高千粒重增长随着播期推迟而提高，而播量间表现为晚播条件下较早播且播量小时最高千粒重最大，适播适量时最高千粒重达到最大，晚播多量时最高千粒重达到最大；随着播期推迟，灌浆持续期逐渐延长，平均灌浆速率逐渐提高；最大灌浆速率出现时间在开花后 20 d 左右，最大灌浆速率随着播期的推迟而提高，10 月 13 日播种分别比 10 月 3 日、10 月 8 日播种高出 0.12 g/d、0.11 g/d；随着播期的推迟，灌浆起始生长势表现为开花期子房和胚珠质量都明显增加。从表 5-7 还可以看出，在不同播期与播量条件下平均灌浆速率、最大灌浆速率及灌浆期起始生长势的变异系数较大，即随播期推迟，CA0547 的平均灌浆速率的变化、最大灌浆速率和起始生长势提高幅度较大，导致粒质量差异较大。总体来看，灌浆各参数表现为早播时少量最大，适播时适量最大，晚播时多量最大。

表 5-7　不同播期与播量强筋小麦千粒重和灌浆参数的变化

处理	千粒重 (g)	理论最高 千粒重 (g)	灌浆 持续期 (d)	平均灌 浆速率 (g/d)	最大灌 浆速率 (g/d)	最大灌浆 速率出现 时间 (d)	起始 生长势 (g)
A1B1	39.26e	43.31d	30.09b	1.46c	2.07d	20.30c	6.63d
A1B2	38.74f	41.94e	29.14d	1.44c	2.04d	19.92e	6.83b
A1B3	38.73f	41.55e	28.50d	1.44c	2.04d	19.50f	6.70cd
A2B1	40.64d	44.63d	30.78b	1.45c	2.06d	20.89a	6.87bc
A2B2	41.57b	45.19c	31.25a	1.48c	2.12cd	21.01a	6.73cd
A2B3	41.12c	44.88cd	30.22b	1.45c	2.05cd	20.55b	6.72cd
A3B1	41.67b	45.19c	29.77c	1.56a	2.19ab	20.02de	7.26a

（续表）

处理	千粒重（g）	理论最高千粒重（g）	灌浆持续期（d）	平均灌浆速率（g/d）	最大灌浆速率（g/d）	最大灌浆速率出现时间（d）	起始生长势（g）
A3B2	41.84a	46.45b	29.87c	1.51b	2.14bc	20.09d	6.99b
A3B3	41.93a	47.79a	30.43b	1.57a	2.22a	20.36c	6.82bc
CV（%）	3.31	4.52	2.76	3.48	3.30	2.35	2.79

由表5-8可知，最高千粒重与千粒重之间呈正相关，说明籽粒灌浆过程可以用一元三次方程模拟，并且是现实可行的；灌浆参数与千粒重间呈正相关，但未达显著水平。

表5-8　灌浆参数与强筋小麦千粒重的相关系数

项目	相关系数					
	理论最高千粒重	灌浆持续期	平均灌浆速率	最大灌浆速率	最大灌浆速率出现时间	起始生长势
千粒重	0.8015	0.7642	0.8794	0.7276	0.5590	0.4703

二、籽粒蛋白质含量灌浆模型的建立

从图5-15、表5-9可以看出，强筋小麦籽粒灌浆期籽粒蛋白含量随时间变化的一般规律符合一元三次多项式凹性（单谷）曲线，播期与播量对籽粒蛋白质含量形成动态的影响可通过方程特征量体现出来。

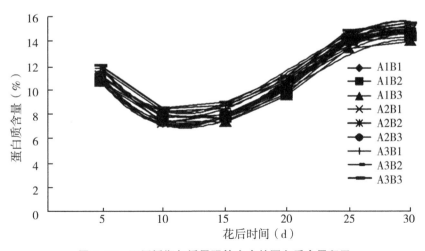

图5-15　不同播期与播量强筋小麦的蛋白质含量积累

表 5-9　不同播期与播量强筋小麦蛋白质积累曲线方程参数

处理	a	b	c	d	R^2
A1B1	20.8610	−2.6515	0.1564	−0.0025	0.9795
A1B2	20.3300	−2.5999	0.1547	−0.0025	0.9699
A1B3	20.2880	−2.6116	0.1542	−0.0025	0.9822
A2B1	21.4590	−2.7855	0.1651	−0.0027	0.9844
A2B2	22.2730	−3.0399	0.1834	−0.0030	0.9912
A2B3	21.9840	−2.9502	0.1767	−0.0029	0.9882
A3B1	21.8260	−2.7315	0.1613	−0.0026	0.9917
A3B2	21.8730	−2.7097	0.1608	−0.0026	0.9881
A3B3	21.9030	−2.7096	0.1622	−0.0026	0.9889

由表 5-10 可知，随播期推迟，籽粒实际蛋白质含量显著提高。由变异系数可知，播期与播量对小麦蛋白质积累参数影响较大，说明强筋小麦对播期与播量变化较敏感。随着灌浆进程的持续推进，籽粒中碳水化合物积累迅速增多，蛋白质含量急剧下降，到花后 11 d 左右降至最低值，之后再持续增加直到成熟期，且最终蛋白质含量均低于起始含量。整个灌浆期内，在不同播期与播量条件下，蛋白质含量表现为早播时少量最大，适播时适量最大，晚播时多量最大。各个积累参数呈现出与蛋白质相同的变化规律。

表 5-10　不同播期与播量强筋小麦籽粒蛋白质积累参数的变化

处理	蛋白质含量（%）	蛋白质含量最低值出现时间（d）	蛋白质积累速率最低值出现时间（d）	蛋白质最低含量（g）	蛋白质含量平均降低速率（g/d）	蛋白质含量下降最高速率（g/d）	起始积累势（g）
A1B1	14.67f	11.84	20.85	7.24	0.35	0.61	20.86
A1B2	14.65f	11.75	20.63	7.08	0.34	0.59	20.33
A1B3	14.65f	11.93	20.56	6.83	0.33	0.56	20.29
A2B1	14.75ef	11.92	20.38	7.14	0.35	0.58	21.46
A2B2	14.96c	11.58	20.38	7.01	0.34	0.70	22.27
A2B3	14.85de	11.74	20.31	7.01	0.35	0.64	21.98
A3B1	15.11b	11.88	20.68	7.78	0.38	0.60	21.83
A3B2	15.21ab	11.81	20.62	8.02	0.39	0.61	21.87
A3B3	15.24a	11.57	20.79	8.24	0.40	0.66	21.90
CV（%）	1.61	1.14	0.92	6.85	6.36	7.00	3.47

从表 5-11 可以看出，蛋白质含量与蛋白质积累参数蛋白质含量最低值出现时间、蛋白质积累速率最低值出现时间、蛋白质最低含量和起始积累势呈正相关，但没有达显

著水平；蛋白质平均降低速率、蛋白质下降最高速率与蛋白质含量呈负相关，且蛋白质平均降低速率与蛋白质含量间达显著水平。

表 5-11　蛋白质积累参数与蛋白质含量的相关系数

项目	相关系数					
	蛋白质含量最低值出现时间	蛋白质积累速率最低值出现时间	蛋白质最低含量	蛋白质平均降低速率	蛋白质下降最高速率	起始积累势
蛋白质含量	0.6371	0.2137	0.1977	-0.9876*	-0.7593	0.0643

注：*表示 0.05 水平上显著相关。

三、讨　论

（一）晚播条件播期与播量互作下强筋小麦籽粒千粒重灌浆模型建立

本试验播期与播量范围内，可以用一元三次方程来模拟强筋小麦灌浆期千粒重，这与赵秀兰和李文雄（2005）、裴雪霞等（2008）的研究结果一致。在灌浆期内，籽粒千粒重呈现出"慢—快—慢"的动态变化趋势。小麦籽粒灌浆过程决定了小麦的千粒重、产量甚至是品质。有研究表明，千粒重与籽粒灌浆速率呈正相关，与灌浆持续时间并无关系。关于灌浆时间和灌浆速率对籽粒千粒重影响的研究很多，有研究认为，小麦千粒重与籽粒灌浆速率呈正相关，受籽粒灌浆时间影响较小。也有研究认为，小麦千粒重的大小与灌浆期灌浆速率最大值的大小关系不大，而与灌浆期时间长短有关，也就是说，平稳的灌浆方式对千粒重的形成最有利（安晓东等，2018）。本研究结果表明，供试品种籽粒灌浆时间与千粒重呈正相关关系，但未达到显著水平，结果与前人研究一致（钱兆国等，2004；王立国等，2003；赵新华等，2002）。

（二）晚播条件播期与播量互作下强筋小麦籽粒蛋白质灌浆模型建立

现已有大量关于播期与播量对小麦籽粒蛋白质及其组分含量影响的研究（赵广才等，2005；付雪丽等，2008；赵春等，2005）。提高小麦籽粒蛋白质含量并改变蛋白质各组分所占比例，可提高小麦加工品质（苏珮和蒋纪云，1992）。本研究表明，蛋白质积累呈现"高—低—高"动态变化趋势，于花后 18 d 蛋白质含量降到最低，这与雷钧杰和宋敏（2007）、王宙和麻慧芳等（2007）的研究结果一致。本研究表明，不同处理条件下随着播期推迟小麦籽粒蛋白质组分含量、谷醇比呈现出"低—高—低"抛物线形变化，小麦成熟后，可看出蛋白质组分含量变化为贮藏蛋白>结构蛋白，即谷蛋白>醇溶蛋白>清蛋白>球蛋白，主要是因为灌浆过程中最先形成的是结构蛋白（清蛋白、球蛋白），随后贮藏蛋白开始形成（醇溶蛋白、谷蛋白）。这与王宙和麻慧芳（2007）的研究结果有分歧，原因可能是由播种时间、播量起点、播量设置间隔或品种特性所引起的。

四、结　论

播期播量互作条件下，一元三次多项式方程可以模拟强筋小麦灌浆进程及蛋白质含量积累，且分别呈现"S"形、"V"形变化曲线。蛋白质含量于花后 18 d 降至最低。灌浆前期清蛋白含量相对较高，随时间的推进，含量逐渐下降；球蛋白始终保持含量最低且恒定的状态；随着籽粒生长，醇溶蛋白、谷蛋白含量均逐渐提高。强筋小麦最大千粒重、最大灌浆速率、平均灌浆速率及起始生长势均以早播时少量（A1B1）、适播时适量（A2B2）、晚播时多量（A3B3）为最高，在灌浆持续阶段，随播期推迟产量则呈先升高后降低趋势，并在 10 月 8 日达到最高。晋中麦区强筋小麦在晚播条件下仍遵循早播少量、适播适量、晚播多量的变化规律，最晚至 10 月 8 日播种、播量为 225 kg/hm² 时，可实现高产高效。

参考文献

安晓东，靖金莲，刘玲玲，等，2018. 花后高温对晋南冬小麦籽粒灌浆速率的影响 [J]. 山西农业科学，46（9）：1444-1447，1464.

代维清，2012. 播期对半冬性、春性小麦品种效应的影响 [J]. 安徽农学通报，21：103-105，151.

付雪丽，王晨阳，郭天财，等，2008. 水氮互作对小麦籽粒蛋白质、淀粉含量及其组分的影响 [J]. 应用生态学报（2）：317-322.

海江波，由海霞，张保军，2002. 不同播量对面条专用小麦品种小偃 503 生长发育、产量及品质的影响 [J]. 麦类作物学报，22（3）：92-94.

郝有明，李岩华，霍成斌，2011. 播期、播量对冬小麦产量及产量构成因素的影响 [J]. 山西农业科学，39（5）：422-424，473.

姜丽娜，赵艳岭，邵云，等，2011. 播期播量对豫中小麦生长发育及产量的影响 [J]. 河南农业科学，40（5）：42-46.

雷钧杰，宋敏，2007. 播种期与播种密度对小麦产量和品质影响的研究进展 [J]. 新疆农业科学（S3）：138-141.

雷钧杰，赵奇，陈兴武，等，2007. 播期和密度对冬小麦产量与品质的影响 [J]. 新疆农业科学（1）：75-79.

李豪圣，宋健民，刘爱峰，等，2011. 播期和种植密度对超高产小麦'济麦 22'产量及其构成因素的影响 [J]. 中国农学通报，27（5）：243-248.

李卓夫，金正勋，孙艳丽，等，1994. 春小麦品种蛋白质含量与种植密度关系的研究 [J]. 现代化科学，181（8）：12-14.

刘万代，陈现勇，尹钧，等，2009. 播期和密度对冬小麦豫麦 49-198 群体性状和产量的影响 [J]. 麦类作物学报，29（3）：464-469.

裴雪霞，王姣爱，党建友，等，2008. 播期对优质小麦籽粒灌浆特性及旗叶光合特性的影响 [J]. 中国生态农业学报（1）：121-128.

钱兆国，吴科，丛新军，等，2004. 小麦籽粒灌浆特性研究 [J]. 安徽农业科学（1）：5-6，8.

苏珮，蒋纪芸，1992. 小麦籽粒蛋白质积累规律的初步研究 [J]. 西北农林科技大学学报（自然科学版）（3）：59-63.

田纪春，梁作勤，庞祥梅，等，1994. 小麦的籽粒产量与蛋白质含量 [J]. 山东农业大学学报（4）：483-486.

王立国，许民安，鲁晓芳，等，2003. 冬小麦籽粒灌浆参数与千粒质量相关性研究 [J]. 河北农业大学学报，26（3）：30-32.

王丽娜，殷贵鸿，韩玉林，等，2012. 播期和播种密度对周麦18号产量及产量构成的影响 [J]. 作物杂志（1）：102-104.

王月福，姜东，于振文，等，2003. 氮素水平对小麦籽粒产量和蛋白质含量的影响及其生理基础 [J]. 中国农业科学，36（5）：513-520.

王宙，麻慧芳，2007. 不同播期对小麦产量与品质的影响 [J]. 山西农业科学（3）：36-38.

吴九林，彭长青，林昌明，2005. 播期和密度对弱筋小麦产量与品质影响的研究 [J]. 江苏农业科学（3）：36-38.

杨春玲，李晓亮，冯小涛，等，2009. 不同类型冬小麦品种播期及播量对叶龄及产量构成因素的影响 [J]. 山东农业科学（6）：32-34.

于振文，2003. 作物栽培学各论 [M]. 北京：中国农业出版社.

查菲娜，宋晓，马冬云，等，2010. 种植密度对不同穗型冬小麦氮素积累和分配及籽粒蛋白质含量的影响 [J]. 河南农业大学学报，44（1）：19-22.

张敏，王岩岩，蔡瑞国，等，2013. 播期推迟对冬小麦产量形成和籽粒品质的调控效应 [J]. 麦类作物学报，33（2）：325-330.

张维诚，王志和，任永信，等，1998. 有效分蘖终止期控制措施对小麦群体性状影响的研究 [J]. 作物学报，24（6）：903-906.

赵春，宁堂原，焦念元，等，2005. 基因型与环境对小麦籽粒蛋白质和淀粉品质的影响 [J]. 应用生态学报（7）：1257-1260.

赵广才，2008. 北方冬麦区冬小麦高产高效栽培技术 [J]. 作物杂志（5）：91-92.

赵广才，张艳，刘利华，等，2005. 不同施肥处理对冬小麦产量、蛋白组分和加工品质的影响 [J]. 作物学报（6）：772-776.

赵新华，于维汉，于松溪，等，2002. 小麦济南17籽粒灌浆特征分析 [J]. 作物研究（2）：57-58.

赵秀兰，李文雄，2005. 氮磷水平与气象条件对春小麦籽粒蛋白质含量形成动态的影响 [J]. 生态学报（8）：1914-1920.

DIAS A S, LIDON F C, 2009. Evaluation of grain filling rate and duration in bread and durum wheat under heat stress after anthesis [J]. J. Agron. Crop Sci., 195（2）：137-147.

FERRISE R, TRIOSSI A, STRATONOVITCH P, et al., 2010. Sowing date and nitrogen fertilisation effects on dry matter and nitrogen dynamies for durum wheat: An experimental and simulationstudy [J]. Field Crops Research, 117 (2 - 3): 245 -257.

PUCKRIDGE D W, DONALD C M, 1967. Competition among wheat plants sown at a wide rang of plant densities [J]. Australian Journal of Agricultural Research, 18: 193-211.

SINGER J W, SAUER T J, BLASER B C, et al., 2007. Radiation use efficiency in dual winter cereal - forage production systems [J]. Agronomy Journal, 99: 1175-1179.

SNYDER F W, CARLSON G E, 1984. Selecting for partitioning of photosynthetic products in crops [J]. Advances in Agronomy, 37: 47-72.

第六章

氮肥运筹对强筋小麦产量、氮素
转运及品质的影响

第一节　种肥减量对冬小麦农艺性状、植株氮磷
含量及籽粒灌浆特性的影响

本节的研究内容见第二章第一节第十一部分；指标测定方法见第二章第二节；数据处理与统计分析方法见第二章第三节。

一、单株农艺性状表现

由表 6-1 可见，在冬小麦春季生长期，随生育进程推移，3 个种肥减量处理小麦株高生长的变异幅度均在 55% 以上；随种肥用量增加，株高表现先提高后降低，排序为 F2>F3>F1；处理间的差异以返青期最大，拔节期减小，孕穗至抽穗期再次增大。随生育进程推移，各处理小麦单株总分蘖数和绿叶数的变异幅度以 F2（81.00%，73.99%）远大于 F3（59.10%，54.69%）和 F1（44.30%，35.20%）；拔节期分蘖大量发生，处理间差异最大，进入孕穗期至抽穗期，随分蘖两极分化，小蘖、无效蘖消亡，处理间差异逐渐缩小；以拔节期和抽穗期来看，F2 的最高分蘖数、最高绿叶数、最终分蘖数、最终绿叶数最多，其次是 F3。相较其他性状指标，各处理小麦次生根数与主茎叶龄随生育进程推移变异的幅度较小（30% 左右）；随着种肥用量增加，处理间次生根数的差异在孕穗前较小，孕穗后急剧增大，且以 F2 处理的次生根数更多，吸收能力更强。所有测定指标中，单株干重随生育进程推移的变异幅度最大（85% 左右）；种肥用量对单株干重的影响主要体现在生育前期（返青期，变异幅度 31.92%），处理间以 F2 的单株干重更高。

表 6-1　种肥减量对冬小麦单株株高、总分蘖数、绿叶数、次生根数、主茎叶龄、干重的影响

指标	处理	返青期	拔节期	孕穗期	抽穗期	变异系数
株高（cm）	F1	11.56Cb	40.39Bc	67.79Ab	71.19Ab	58.20
	F2	14.20Da	45.31Ca	77.55Ba	82.80Aa	57.91
	F3	13.38Da	43.48Cb	69.50Bb	73.06Ab	55.48
	CV（%）	10.36	5.78	7.28	8.24	

（续表）

指标	处理	返青期	拔节期	孕穗期	抽穗期	变异系数
总分蘖数 （个）	F1	2.10Bb	3.83Ac	3.58Aa	1.32Cb	44.30
	F2	1.92Bb	7.76Aa	2.17Bb	2.17Ba	81.00
	F3	2.67Ba	5.68Ab	2.42Bb	1.50Cb	59.10
	CV（%）	17.56	34.15	27.63	26.93	
绿叶数 （张）	F1	8.67Da	20.50Ac	15.83Ba	12.33Cb	35.20
	F2	7.67Cb	38.75Aa	14.58Ba	13.42Ba	73.99
	F3	9.08Ca	30.00Ab	14.25Ba	13.08Cc	54.69
	CV（%）	10.02	30.68	5.60	4.31	
次生根数 （个）	F1	7.17Ca	15.33ABa	18.08Ab	14.17Ba	33.93
	F2	7.22Ca	16.08Ba	21.58Aa	17.50Ba	38.80
	F3	7.58Ba	16.42Aa	17.27Ab	15.83Aa	31.54
	CV（%）	3.05	3.50	12.07	10.52	
主茎叶龄 （叶）	F1	5.73Ca	8.03Bc	10.24Ab		28.19
	F2	5.01Cb	8.57Bb	11.31Aa		38.07
	F3	5.65Ba	9.22ABa	10.43Ab		29.47
	CV（%）	7.22	6.92	5.36		
单株干重 （g）	F1	0.18Db	0.73Cb	1.46Bc	2.72Ab	86.30
	F2	0.23Da	0.86Ca	1.69Ba	3.25Aa	86.67
	F3	0.22Da	0.81Ca	1.56Bb	2.84Ab	83.26
	CV（%）	31.92	8.20	7.35	7.35	

注：同列小写字母不同表示同一指标不同处理间差异显著（$P<0.05$），同行大写字母不同表示同一指标不同生育时期间差异显著（$P<0.01$），表6-2、表6-3和表6-6同。

从表6-2可以看出，供试小麦品种单株或单茎倒二叶长、宽及叶面积的最大值分别在23 cm、1.4 cm和32 cm² 左右，在孕穗期至开花期最大绿叶面积持续稳定。种肥用量对倒二叶长、宽及叶面积的影响主要体现在拔节前的生长期和开花后的持续期。处理间F2的倒二叶长、宽及叶面积更大。

表6-2 种肥减量对冬小麦倒二叶长、宽及叶面积的影响

指标	处理	返青期	拔节期	孕穗期	抽穗期	开花期	灌浆期	变异系数
长（cm）	F1	7.53Dc	20.39Cb	23.25Aa	23.57Aa	22.42Bb	20.18Cb	30.99
	F2	8.58Da	22.22Ca	23.48Ba	23.93Ba	24.83Aa	22.14Ca	29.26
	F3	8.29Bb	22.42Aa	23.41Aa	23.11Aa	24.09Aa	22.76Aa	29.48
	CV（%）	6.67	5.16	0.50	0.50	5.19	6.21	
宽（cm）	F1	0.53Da	1.21Cc	1.42Aa	1.28Bc	1.31Bb	1.20Ca	27.45
	F2	0.46Db	1.43ABa	1.45Aa	1.37Bb	1.39ABa	1.17Cb	31.49
	F3	0.58Ca	1.34Bb	1.36ABb	1.42Aa	1.36ABa	1.14Bc	26.54
	CV（%）	11.52	8.34	3.25	5.23	2.99	2.56	

（续表）

指标	处理	返青期	拔节期	孕穗期	抽穗期	开花期	灌浆期	变异系数
面积（cm²）	F1	4.01Db	24.64Cc	33.09Aa	30.24Bb	29.45Bc	24.28Cc	43.22
	F2	3.97Db	31.70Ba	33.92Aa	32.70Ba	34.43Aa	25.91Cb	43.31
	F3	4.76Ca	29.97Bb	31.76ABb	32.79Aa	32.16Ab	30.88ABa	40.54
	CV（%）	10.48	12.79	3.31	4.53	7.79	12.72	

二、植株含氮量、含磷量变化规律

由表6-3可知，冬小麦在春季生长期，随着生育进程由返青期延续至灌浆初期，植株含氮量呈先升后降再升的变化趋势，其中，拔节期植株含氮量最高，孕穗期含氮量最低；植株含磷量表现为先降低后升高的变化趋势，其中返青期或开花至灌浆期的含磷量明显高于拔节至抽穗期（$P<0.05$）。无论含氮量还是含磷量，均在孕穗期达到最低值，原因可能是此期为茎蘖生长高峰期，消耗大量的氮、磷养分；随着生育进程进入抽穗期，小麦茎、叶伸长生长基本停止，主要进行茎、叶、穗干物质积累以便于灌浆期营养向穗部转运，故后期植株含氮量、含磷量会相对孕穗期上升。种肥用量对植株含氮量的影响主要体现在孕穗至开花期，对植株含磷量的影响主要体现在返青至抽穗期。处理间比较，抽穗前F2的植株含氮量更高，抽穗后F3的植株含氮量更高，进入灌浆期F1的植株含氮量更高；返青期F3的植株含磷量更高，拔节期至抽穗期F2的植株含磷量更高，花后3个处理间植株含磷量差异不显著（$P>0.05$）。

表6-3 种肥减量对小麦植株含氮量、含磷量的影响

指标	处理	返青期	拔节期	孕穗期	抽穗期	开花期	灌浆期	变异系数
植株含氮量（%）	F1	2.29Cb	2.89Ac	1.55Ea	1.95Db	2.01Db	2.39Ba	20.91
	F2	2.33Ba	3.06Aa	1.56Ea	1.59Ec	1.81Dc	2.27Cb	27.22
	F3	2.32Bab	2.96Ab	1.29Fb	2.03Ea	2.27Ca	2.19Dc	24.75
	CV（%）	0.90	2.88	10.44	12.62	11.36	4.41	
植株含磷量（%）	F1	0.46Ab	0.36Bb	0.22Dab	0.29Cb	0.44Aa	0.46Aa	26.92
	F2	0.46Ab	0.45Aa	0.24Ca	0.36Ba	0.43ABa	0.46Aa	21.74
	F3	0.52Aa	0.38Bb	0.21Cb	0.34Bab	0.46Aa	0.45Aa	27.93
	CV（%）	7.22	11.91	6.84	10.93	3.45	1.26	

三、籽粒灌浆特性分析

（一）籽粒千粒重动态变化

由图6-1可见，随着灌浆时间的推移，各处理小麦籽粒千粒重增加过程均表现出"慢—快—慢"的"S"形变化趋势，即将小麦籽粒灌浆期分为渐增期、快增期、缓增期，且在灌浆末期达到最高，灌浆5~15 d缓慢地增长，15 d后速度加快，到25 d后

趋于平稳，但粒重仍在增加，为获取高产做准备。灌浆 5~25 d，F2 和 F3 之间千粒重的差异不显著（$P>0.05$）；灌浆 30~35 d，F2 与 F3 的差异显著（$P<0.05$），且 F2>F3；整个灌浆期，F1 的千粒重均显著低于 F2 和 F3（$P<0.05$）。

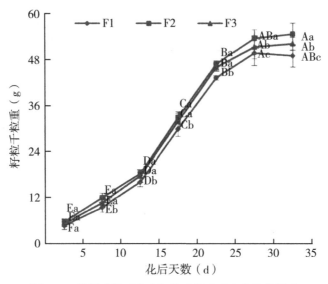

图 6-1　种肥减量对小麦籽粒千粒重动态变化的影响

注：同一灌浆时期小写字母不同表示处理间差异显著（$P<0.05$）；同一处理大写字母不同表示不同灌浆时期间差异显著（$P<0.01$）。

（二）籽粒灌浆参数及次级参数

由表 6-4 可见，3 个种肥减量处理下，小麦籽粒生长模拟方程的决定系数 R^2 均大于 0.96，且达到极显著水平（$P<0.01$），说明方程的拟合效果良好，可以利用 Logistic 方程对小麦籽粒灌浆过程进行模拟。理论最大千粒重基本与籽粒灌浆结束时的千粒重相一致，处理间理论最大千粒重表现为 F2>F3>F1。

表 6-4　不同处理小麦籽粒灌浆的 Logistic 方程参数

处理	模拟方程 Logistic	理论最大千粒重（g）	待定系数 a	待定系数 b	决定系数 R^2	F	P
F1	$Y=51.4343/\left[1+e^{(3.4746-0.1996t)}\right]$	51.4343	32.2849	−0.1996	0.9617	125.6814	<0.01
F2	$Y=58.0097/\left[1+e^{(3.1829-0.1774t)}\right]$	58.0097	24.1166	−0.1774	0.9872	385.1073	<0.01
F3	$Y=54.8740/\left[1+e^{(3.2916-0.1846t)}\right]$	54.8740	26.8859	−0.1846	0.9851	329.9153	<0.01

由表 6-5 可见，不同处理小麦整个灌浆期和渐增期的籽粒平均灌浆速率均表现为 F2>F3>F1，快增期和缓增期的籽粒平均灌浆速率则为 F2>F1>F3；整个灌浆期、快增期及缓增期阶段的灌浆持续时间均表现为 F2>F3>F1，渐增期的灌浆持续时间则为 F1>F3>F2；3 个处理的最大灌浆速率为 F2>F1>F3，而达到最大灌浆速率的时间则为 F2>

F3>F1。总体来看，以 F2 的灌浆速率大，持续时间长，千粒重值大。

表 6-5　不同处理小麦籽粒灌浆的次级灌浆参数

处理	达到最大灌浆速率的时间（d）	最大灌浆速率（g/d）	灌浆持续天数（d）	平均灌浆速率（g/d）	渐增期持续天数（d）	渐增期灌浆速率（g/d）	快增期持续天数（d）	快增期灌浆速率（g/d）	缓增期持续天数（d）	缓增期灌浆速率（g/d）
F1	17.4078	2.5666	40.4295	1.2722	10.8098	1.0055	13.1960	2.2504	16.4237	0.6305
F2	17.9419	2.5727	43.8445	1.3231	10.5183	1.1655	14.8473	2.2558	18.4789	0.6320
F3	17.6588	2.5571	42.3107	1.2969	10.5936	1.0946	14.1304	2.2421	17.5867	0.6282

（三）籽粒蛋白质积累特性及成熟期产量

小麦灌浆期籽粒蛋白质及各蛋白组分的积累量见表 6-6。

表 6-6　种肥减量对小麦灌浆期籽粒蛋白质及蛋白组分含量的影响

指标	种肥用量	5 d	10 d	15 d	20 d	25 d	30 d	变异系数
蛋白质含量（%）	F1	11.65Aa	10.00Bb	8.85Cb	10.81Ba	11.61Ab	12.18Ab	11.45
	F2	11.81Ba	10.09Db	9.64Ea	10.68Ca	12.10Ba	12.96Aa	11.43
	F3	10.63Cb	10.87Ba	9.75Da	10.12Cb	11.71Bb	12.28Ab	8.77
	CV（%）	5.63	4.64	5.22	3.48	2.19	3.40	
清蛋白含量（%）	F1	6.11Ab	5.08Ba	2.99Cb	2.79Db	2.07Eb	0.89Fa	58.28
	F2	6.60Aa	4.96Bb	3.07Ca	3.02Ca	2.33Da	0.78Eb	59.11
	F3	6.29Aa	4.98Bb	2.91Cc	2.94Ca	2.31Da	0.85Ea	57.66
	CV（%）	1.72	1.28	2.68	4.00	6.47	4.49	
球蛋白含量（%）	F1	1.72Aa	1.53CDa	1.45Db	1.52CDc	1.61BCb	1.68Bb	6.52
	F2	1.59CDb	1.61BCDa	1.53Da	1.66ABCa	1.72ABa	1.76Aa	5.20
	F3	1.74Aa	1.54CDa	1.45Db	1.58BCb	1.65ABa	1.72Aab	6.90
	CV（%）	4.84	2.79	3.13	4.43	3.35	2.33	
醇溶蛋白含量（%）	F1	0.78Fb	0.97Ec	1.97Dc	2.53Ca	3.21Bc	3.33Ac	51.22
	F2	0.59Ea	1.19Da	2.36Ca	2.54Ba	3.43Aa	3.77Aa	53.49
	F3	1.12Ea	1.15Eb	2.25Db	2.60Ca	3.33Bb	3.40Ab	43.66
	CV（%）	18.89	10.62	9.17	1.48	3.31	2.06	
谷蛋白含量（%）	F1	0.74Fa	1.10Ea	1.18Da	1.55Cb	2.64Bc	2.74Ac	50.66
	F2	0.54Dc	1.13Ca	1.15Ca	1.66Ba	2.86Aa	2.93Aa	57.43
	F3	0.62Eb	1.08Da	1.12Da	1.40Cc	2.73Bb	2.80Ab	56.50
	CV（%）	15.89	2.28	2.61	8.49	4.03	3.44	
千粒重（%）	F1	4.59Fa	9.36Eb	15.95Db	29.83Cb	43.15Bb	49.62Ac	72.57
	F2	5.62Fa	11.93Ea	18.15Da	32.86Ca	46.79Ba	53.43Aa	68.92
	F3	5.13Fa	10.57Ea	17.54Da	31.83Ca	45.93Ba	51.19Ab	70.28
	CV（%）	10.08	12.11	6.60	4.89	4.20	3.72	

由表 6-6 可见，随灌浆进程推移，小麦籽粒总蛋白含量呈"高—低—高"开口向上的抛物线形变化曲线，其中花后 15 d 蛋白质含量趋于最低值，15 d 之后逐渐上升，到花后 30 d 时达到最高值；各蛋白组分中，球蛋白含量随灌浆进程的变化与总蛋白质含量类似，且变异幅度小（6% 左右），而醇溶蛋白、谷蛋白、清蛋白含量随灌浆进程的变化幅度相对较大（50% 以上），其中醇溶蛋白、谷蛋白含量呈渐增趋势，与籽粒千粒重的变化趋势一致，而清蛋白含量呈渐减趋势，与籽粒千粒重的变化趋势相反。在整个籽粒发育过程中，灌浆初期（5 d）籽粒体积小、物质积累少时，蛋白质含量相对较高（平均 11.36%），蛋白组分以清蛋白为主（平均含量 6.3%），其次是球蛋白（平均含量 1.68%），醇溶蛋白和谷蛋白最少（平均含量皆不足 1%）；进入灌浆中期（15 d）籽粒物质逐渐充实、体积增大，蛋白质含量相对偏低（平均 9.41%），其中清蛋白、球蛋白含量降低，醇溶蛋白和谷蛋白含量增加，4 种蛋白组分含量分别为2.99%、1.48%、2.19%、1.15%；此后，进入灌浆高峰，灌浆速率加快，籽粒体积迅速增大，总蛋白质含量提高，到灌浆 30 d 时，籽粒蛋白质含量平均达到 12.47%，其中清蛋白含量降至最低值（0.84%），球蛋白含量略增（1.72%），醇溶蛋白与谷蛋白含量分别增加到 3.50% 和 2.82%。醇溶蛋白和谷蛋白水合后可形成面筋，在很大程度上决定了面粉的加工品质，因此改善籽粒品质重在提高这两种蛋白的含量。对籽粒总蛋白质含量、清蛋白含量、球蛋白含量、醇溶蛋白含量、谷蛋白含量和千粒重 6 个指标作相关性分析（表 6-7），结果表明，千粒重与籽粒总蛋白质、醇溶蛋白及谷蛋白含量呈显著（$P<0.05$）或极显著（$P<0.01$）正相关；总蛋白质含量与球蛋白含量、谷蛋白含量呈极显著正相关（$P<0.01$），醇溶蛋白含量与谷蛋白含量呈极显著正相关（$P<0.01$），而清蛋白含量与千粒重、总蛋白质含量、醇溶蛋白含量及谷蛋白含量呈负相关（$P>0.05$）。从本试验看出，肥料用量对籽粒蛋白质及其各组分含量以及千粒重的影响整体不及灌浆进程的影响大，其影响差异主要体现在灌浆 5~15 d（清蛋白除外）。因此在种肥施用基础上，于抽穗期适量追肥或扬花—灌浆初期适量叶面喷肥可能有利于提高籽粒千粒重及蛋白质含量，尤其醇溶蛋白与谷蛋白含量。比较 3 个种肥处理，以 F2 的千粒重和总蛋白质含量最高，且 4 种蛋白组分中，随灌浆进程推移，清蛋白含量的下降幅度较大，醇溶蛋白和谷蛋白含量的提高幅度较大，球蛋白含量相对变化较小；到灌浆 30 d时，除清蛋白含量外，其余 3 种蛋白含量均高于 F1 和 F3。

表 6-7 各指标之间的相关性分析

指标	相关系数				
	籽粒蛋白质含量	清蛋白含量	球蛋白含量	醇溶蛋白含量	谷蛋白含量
清蛋白含量	-0.174				
球蛋白含量	0.644**	0.049			
醇溶蛋白含量	0.467	-0.323	0.009		
谷蛋白含量	0.649**	-0.211	0.193	0.916**	
千粒重	0.643**	-0.246	0.182	0.947**	0.977**

注：* 和 ** 分别表示在 0.05 和 0.01 水平显著相关。

再看种肥用量对成熟期小麦产量及产量构成因素的影响（表6-8），同样以F2处理的成穗数、穗粒数、千粒重、产量显著高于F₁和F₃。

表6-8　种肥减量对小麦产量及其构成因素的影响

种肥用量	穗数 （万穗/hm²）	穗粒数 （个）	千粒重 （g）	实际产量 （kg/hm²）	理论产量 （kg/hm²）
F1	3.84±0.10c	30.67±0.61b	48.98±0.56c	4281.91±198.06c	5772.41±123.94c
F2	4.32±0.50a	34.00±1.77a	53.15±1.35a	5569.00±123.22a	7880.90±175.83a
F3	4.02±0.12b	31.33±1.67b	50.94±1.95b	4865.84±177.13b	6410.73±176.44b

四、讨　论

（一）种肥减量对冬小麦农艺性状的影响

作物农艺性状的形成是遗传基础与环境条件（如栽培措施）相互作用的结果（齐亚娟等，2013；要燕杰等，2014）。Law等（1978）研究认为株高和产量呈显著正相关。本研究结果表明，随生育进程推进或种肥用量增加，冬小麦单株株高、分蘖数、绿叶数、倒二叶长宽及干重积累均差异显著（$P<0.05$），且生育进程的差异远大于种肥用量的差异；合理的种肥用量（F2，225 kg/hm²）有利于小麦株高发育、分蘖发生、单株干重积累，进而提高籽粒产量。本研究结果还表明，在春季生长期，种肥用量引起的小麦株高、叶龄及干重的差异以生育期最大，而返青期的各项指标则反映了小麦冬前生长发育状况；种肥用量引起的分蘖数和绿叶数差异主要在拔节期，此期乃分蘖大量发生期；种肥用量引起的次生根数差异则主要在孕穗后，反映了后期根系衰老情况。小麦上三叶（旗叶、倒二叶、顶三叶）是主要光合器官，因其所处位置特殊，其组织结构和生理功能对产量至关重要（何丽香等，2014）。本研究结果表明，种肥用量对返青至拔节期倒二叶发育影响极大，对灌浆期倒二叶绿叶面积持续影响也极大。

（二）种肥减量对冬小麦植株氮、磷含量的影响

本研究结果表明，随生育进程推进或种肥用量增加，植株氮或磷含量的差异大多显著（$P<0.05$），且生育进程的差异远大于种肥用量的差异，与农艺性状的表现一致；合理的种肥用量（F2，225 kg/hm²）有利于植株氮、磷积累。种肥用量对植株含氮量的影响主要体现在孕穗至开花期，对植株含磷量的影响主要体现在返青至抽穗期；无论含氮量还是含磷量，均在孕穗期达到最低值，说明以孕穗期为转折，孕穗前根系吸收的氮、磷主要用于植株茎、叶发育，贮存量相对较少，而孕穗后吸收的氮、磷主要用于茎、叶、穗干物质积累，进而形成产量。

（三）基于Logistic曲线方程模拟种肥减量对冬小麦籽粒灌浆过程的影响

研究表明，小麦籽粒灌浆特征是千粒重形成的决定性因素，而灌浆速率和灌浆时间又是影响千粒重的主要因素（王美等，2017；吴晓丽等，2015）。本试验通过Logistic

曲线方程对不同种肥减量处理下千粒重增长曲线的拟合，得出理论最大千粒重基本与籽粒灌浆结束时的千粒重相一致，且以 F2 处理最优；F2 的最大灌浆速率和平均灌浆速率最大，且灌浆持续时间长。这与陈炜等（2010）在陕西省咸阳市长武县旱塬地区进行大田试验所得出的结论基本一致。

（四）种肥减量对冬小麦籽粒灌浆过程中蛋白质积累及成熟期产量的影响

研究表明，小麦灌浆期籽粒蛋白质含量随灌浆进程表现为"高—低—高"的变化趋势。这是因为在籽粒发育的前期需要大量蛋白质作为"支架"，蛋白质含量较高；灌浆中期由于淀粉的合成速度较快，对于蛋白质具有一定的稀释作用，致使蛋白质相对含量下降；到籽粒发育后期，淀粉合成变缓，蛋白质含量又逐渐上升（刘孝成等，2017）。各蛋白组分随灌浆进程表现各不相同，清蛋白表现为逐渐降低，醇溶蛋白、谷蛋白表现为逐渐升高，球蛋白变化趋势则与籽粒总蛋白质的变化趋势一致，且相对比较稳定。蛋白质组分在灌浆过程中所呈现的动态变化，主要是因为在籽粒发育的过程中，清蛋白和球蛋白作为结构蛋白最先被合成，醇溶蛋白和谷蛋白作为储藏蛋白，在籽粒发育后期被合成，且随着籽粒的发育成熟，一部分结构蛋白会转化为储藏蛋白（戴忠民等，2015）。赵勇等（2016）以小麦 DH 群体 168 个品系为材料，研究籽粒灌浆期蛋白质组分含量变化的规律，结果与本试验基本一致；本试验结果与朱新开等（2005）的结论稍有差异，可能是由于品种间的差异造成的。不同种肥减量处理中，F2 处理小麦籽粒各蛋白质组分的含量相对较高。相关分析表明，千粒重与籽粒总蛋白质含量、醇溶蛋白含量及谷蛋白含量呈显著（$P<0.05$）或极显著（$P<0.01$）正相关，籽粒总蛋白质含量与球蛋白质含量、谷蛋白含量呈极显著正相关（$P<0.01$），醇溶蛋白含量与谷蛋白含量呈极显著正相关（$P<0.01$）。朱晓霞等（2013）利用施肥机在播种时一次性减量全部施入控释氮肥，结果表明小麦群体及产量因素优于农民传统习惯施肥及优化施肥两种处理。本研究表明，种肥减量处理 F2 的成穗数、穗粒数和千粒重均优于 F1 和 F3 处理，籽粒产量最，达 5569.0 kg/hm²。通过施肥播种一体化且种肥减量既提高了肥料效应，又提高了作物产量，既节约了化肥用量，又减轻了对环境的污染。

五、讨 论

通过比较分析种肥减量处理对小麦农艺性状、籽粒灌浆、蛋白质及其组分积累影响的关键生育时期，本研究认为在种肥减量施用的基础上，于抽穗期补充适量追肥或扬花—灌浆初期补充适量叶面肥可能有利于提高籽粒千粒重及蛋白含量，尤其醇溶蛋白与谷蛋白含量，后续研究将进一步分析探讨。

第二节　不同形态氮肥及其用量对强筋小麦氮素
转运、产量和品质的影响

本节的研究内容见第二章第一节第十二部分；指标测定方法见第二章第二节；数据处理与统计分析方法见第二章第三节。

一、氮素累积转运规律

由图 6-2 可知，随着生育进程的推进，不同处理的小麦植株含氮量（成熟期植株含氮量包括籽粒，下同）明显增加（$P<0.05$），成熟期达到最大值，其中以拔节—孕穗阶段和开花—成熟阶段增加幅度较大。可见，拔节—孕穗阶段和开花—成熟阶段是小麦快速吸收氮素的关键生育阶段。在同一氮肥形态下，中氮和高氮处理小麦各生育期植株含氮量均高于低氮处理，中氮处理小麦成熟期植株含氮量最高。在同一施氮量下，铵态氮肥处理的小麦各生育期植株含氮量显著低于硝态氮肥和酰铵态氮肥处理（$P<0.05$），硝态氮肥和酰铵态氮肥处理之间没有显著差异。同时，在所有处理中，施用酰铵态氮肥并配合中氮处理的小麦成熟期植株含氮量最高。

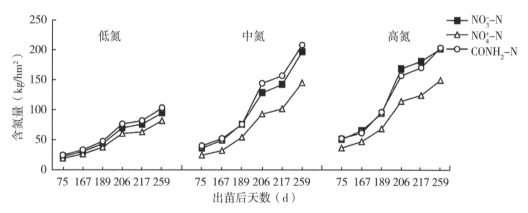

图 6-2　不同氮肥形态和用量下各时期小麦植株含氮量的变化

注：出苗后 75 d、167 d、189 d、206 d、217 d 和 259 d 依次是越冬期、返青期、拔节期、孕穗期、开花期和成熟期。

由图 6-3 可知，小麦籽粒氮素积累主要来源于花前氮素转运。在低氮水平下，各氮肥形态处理的花前氮素转运率、花前转运氮素和花后积累氮素对籽粒氮素的贡献率均没有显著差异；在中氮水平下，各氮肥形态处理的花前氮素转运率差异显著（$P<0.05$），且铵态氮肥处理>硝态氮肥处理>酰胺态氮肥处理。在高氮水平下，各氮肥形态处理的花前氮素转运率及花前转运、花后积累氮素对籽粒氮素的贡献率均达到差异显著水平（$P<0.05$），硝态氮肥处理花前贡献率较高而花后贡献率较低。铵态氮肥处理花前

氮素转运率较高，可能是其籽粒氮素过低导致的。

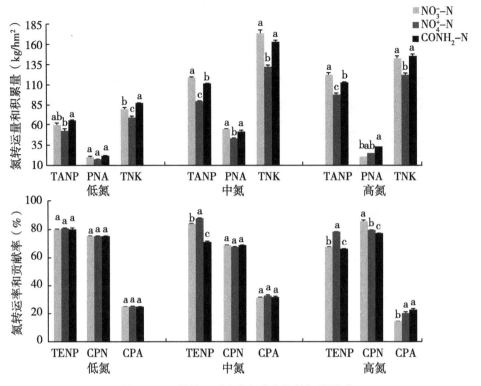

图6-3 不同处理对小麦氮素积累转运的影响

注：TANP—花前转运量，PNA—花后氮素积累量，TNK—籽粒含氮量，TENP—花前转运率，CPN—花前贡献率，CPA—花后贡献率。不同小写字母表示同一指标处理间差异显著（$P<0.05$）。

综上可知，中氮水平能明显增加小麦各时期的植株含氮量，通过提高花前氮素转运量和花后氮素积累量进而增加成熟期籽粒含氮量。这是因为低氮无法满足小麦植株氮素需求，高氮又会导致无效分蘖过多形成水肥竞争，进而影响小麦氮素吸收。硝态氮肥和酰胺态氮肥对小麦氮素累积转运效果好于铵态氮肥。硝态氮肥和酰胺态氮肥成熟期籽粒含氮量无显著差异。

二、生育期氮素积累量及所占比例

对表6-9中不同生育阶段氮素积累量及所占比例做方差分析，结果表明，氮肥形态和氮肥用量对冬小麦出苗—拔节、拔节—开花、开花—成熟阶段氮素积累量及所占比例有极显著的影响（$P<0.01$），且二者存在极显著的互作效应（$P<0.01$），二者对开花—成熟阶段氮素积累量的互作效应大于氮肥用量的单独效应。小麦各生育时期氮素积累量和所占比例表现为出苗—拔节>拔节—开花>开花—成熟，出苗—拔节是氮素积累最多的阶段。

表 6-9　不同处理对小麦各生育阶段氮素积累量及所占比例的影响

氮肥形态	氮水平	出苗—拔节阶段		拔节—开花阶段		开花—成熟阶段	
		积累量 （kg/hm²）	比例 （%）	积累量 （kg/hm²）	比例 （%）	积累量 （kg/hm²）	比例 （%）
NO_3^--N	低	40.68g	42.90b	35.41g	37.35b	18.73g	19.75f
	中	76.13c	38.67c	66.10d	33.58c	54.63a	27.75b
	高	94.46a	46.78a	86.98a	43.07a	20.49f	10.15h
NH_4^+-N	低	37.80h	46.07a	25.55i	31.13d	18.71g	22.80d
	中	54.54e	37.60c	47.39f	32.67cd	43.15c	29.74a
	高	68.64d	45.86a	56.00e	37.41b	15.04e	16.73g
$CONH_2-N$	低	48.72f	47.03a	33.28h	32.13cd	21.59f	20.84e
	中	79.72b	38.29c	77.15b	37.06b	51.32b	24.65c
	高	96.39a	47.30a	74.18c	36.40b	33.23d	16.31g
氮肥形态（F）		**	**	**	**	**	**
施氮量（R）		**	**	**	**	**	**
$F×R$		**	**	**	**	**	**

注：①同列数据后不同小写字母表示同一氮形态不同氮水平间差异显著（$P<0.05$）；②** 表示 $P<0.01$。

在同一形态氮肥下，出苗—拔节阶段的氮素积累量随着施氮量增加而显著增加，高氮水平下积累量最高。在拔节—开花阶段，硝态氮肥和铵态氮肥处理的氮素积累量随着施氮量增加而显著增加，酰胺态氮肥处理的氮素积累量随着施氮量增加表现为先增后减。开花—成熟阶段的氮素积累量随着施氮量增加先增后减，中氮水平下积累量最高。

在同一施氮量下，铵态氮肥处理的氮素积累量显著小于硝态氮肥和酰胺态氮肥处理。随施氮量增加，各阶段氮素积累量变异程度均表现为开花—成熟>拔节—开花>出苗—拔节，可见，开花—成熟阶段的氮素积累量受施氮量影响较大，中氮水平处理下开花—成熟阶段的氮素积累量最高，铵态氮肥不利于小麦各阶段氮素的积累。

三、产量构成及氮效率

（一）产量及收获指数

从图 6-4 可以看出，在同一氮肥形态下，生物产量随着施氮量的增加显著增加，高氮水平下达到最大值，籽粒产量和收获指数均先增后减，籽粒产量和收获指数均在中氮水平达到最大值。在同一施氮量下，铵态氮肥处理的生物产量和籽粒产量均低于硝态氮肥和酰胺态氮肥。同时，在所有处理中，中氮水平下施用硝态氮肥的籽粒产量最高，但是此时的硝态氮肥和酰胺态氮肥处理间没有显著差异。

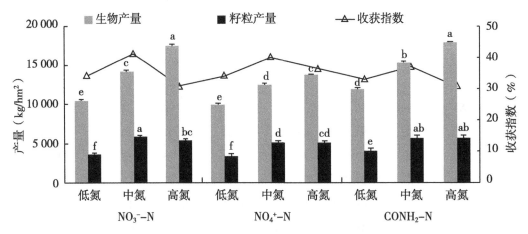

图6-4 不同处理对小麦产量的影响

注：不同小写字母表示各处理间生物产量或籽粒产量差异显著（$P<0.05$）。

（二）产量构成及氮效率

方差分析（表6-10）表明，氮肥形态显著影响单位面积穗数，而氮肥用量显著影响千粒重。氮肥形态和氮肥用量对穗数和千粒重互作效应小于单一效应。经计算比较，氮肥用量对不同氮肥形态的小麦产量构成因素影响程度不同，氮肥用量对硝态氮肥和酰胺态氮肥处理产量的调控因子主要是穗粒数和千粒重，对铵态氮肥处理产量的调控因子主要是穗数和穗粒数。氮肥形态和氮肥用量对氮素吸收效率和氮素生产效率均有极显著的调控效应（$P<0.01$），氮素生产效率随着施氮量的增加显著减少，高氮水平的氮素吸收效率显著低于中氮和低氮，酰胺态氮肥的氮素吸收效率和氮素生产效率高于硝态氮肥和铵态氮肥。可见，施氮量过高反而降低了氮素吸收效率和氮素生产效率，施用酰胺态氮肥有利于氮素的吸收，减少氮素损失。

表6-10 不同处理对小麦产量构成及氮效率的影响

氮肥形态	氮水平	穗数 （万穗/hm²）	穗粒数 （个）	千粒重 （g）	氮吸收效率 （kg/kg）	氮生产效率 （kg/kg）
	低	295.70ab	37.38ab	43.13b	1.26	47.20b
NO_3^--N	中	302.20ab	39.76ab	45.18a	1.31ab	38.05e
	高	300.80ab	38.61ab	42.06b	0.90d	24.00h
	低	273.70b	36.33b	42.55b	1.09c	44.72c
NH_4^+-N	中	292.10ab	38.90ab	43.47ab	0.97d	33.38f
	高	286.70ab	35.71b	42.61b	0.67e	22.25i
	低	311.50a	39.26ab	42.43b	1.38a	52.72a
$CONH_2-N$	中	315.10a	41.42a	42.90b	1.39a	38.92d
	高	309.20a	38.83ab	41.84b	0.91d	24.80g

（续表）

氮肥形态	氮水平	穗数 （万穗/hm²）	穗粒数 （个）	千粒重 （g）	氮吸收效率 （kg/kg）	氮生产效率 （kg/kg）
氮肥形态（F）		*	NS	NS	**	**
施氮量（R）		NS	NS	*	**	**
F×R		NS	NS	NS	*	**

注：①同列数据后不同小写字母表示同一氮形态不同氮水平间差异显著（$P<0.05$）；②* 表示 $P<0.05$，** 表示 $P<0.01$，NS 表示不显著。

四、营养品质分析

由表6-11方差分析可知，氮肥形态和氮肥用量对醇溶蛋白、蛋白质产量和面筋指数有极显著的互作效应（$P<0.01$）。在同一形态氮肥下，清蛋白、球蛋白、谷醇比、蛋白质含量、湿面筋含量和面筋指数均表现为随施氮量增加而提高，高氮水平含量最高。同一氮肥用量下，铵态氮肥处理的蛋白质组分量、湿面筋含量和面筋指数均低于其他形态氮肥，酰胺态氮肥处理的蛋白质含量、湿面筋含量和面筋指数均高于硝态氮肥处理。可见，施用铵态氮肥的小麦品质最差。酰胺态氮肥配套高氮处理更有利于改善蛋白质及面筋品质。比较发现，受氮肥用量影响较大是蛋白质产量和湿面筋含量，因此合理的施氮量配套合适形态的氮肥对于改善籽粒蛋白质品质和面筋质量是非常重要的。

表6-11　不同氮肥形态和用量下小麦蛋白质和面筋含量

氮肥 形态	氮水平	清蛋白 含量 （%）	球蛋白 含量 （%）	醇溶蛋 白含量 （%）	谷蛋白 含量 （%）	谷醇比	蛋白质 含量 （%）	蛋白质 产量 （kg/hm²）	湿面筋 含量 （%）	面筋 指数
NO₃⁻-N	低	2.32cd	1.96e	4.22cd	4.38c	1.04bc	13.18d	466.70d	31.68de	75.46g
	中	2.42bc	2.07cd	4.29bc	4.65b	1.08ab	13.69b	797.79a	35.27c	79.72c
	高	2.53b	2.12bc	4.42a	4.87a	1.10ab	14.26ab	770.16a	37.22ab	81.03b
NH₄⁺-N	低	2.13f	1.79g	4.16de	4.11d	0.99c	12.47e	418.27d	30.93e	74.12h
	中	2.18ef	1.84fg	3.97f	4.21d	1.06ab	12.52e	626.92b	34.70c	76.10f
	高	2.26de	1.87f	4.08e	4.50c	1.10ab	13.21d	668.76b	35.75c	78.39d
CDNH₂-N	低	2.46b	2.01de	4.22cd	4.38c	1.04bc	13.32c	526.28c	32.51d	77.46e
	中	2.48b	2.16b	4.31b	4.65b	1.08ab	13.89b	781.45a	35.98bc	80.72b
	高	2.65a	2.25a	4.29bc	4.78a	1.11a	14.38a	802.42a	37.60a	83.07a
氮肥形态（F）		**	**	**	**	NS	**	**	**	**
施氮量（R）		**	**	*	**	**	**	**	**	**
F×R		NS	NS	**	NS	NS	NS	**	NS	**

注：①同列数据后不同小写字母表示同一氮形态不同氮水平间差异显著（$P<0.05$）；②* 表示 $P<0.05$，** 表示 $P<0.01$，NS 表示不显著。

由表6-12方差分析得出，氮肥形态和氮肥用量对淀粉和蔗糖品质也有极显著的调控作用（$P<0.01$），且二者存在一定的互作效应，互作效应均大于单独效应。在同一形

态氮肥下，总淀粉、直链淀粉、支链淀粉、可溶性糖和蔗糖含量随氮肥用量增加而提高，且在高氮水平下达到最高值。低氮水平时，铵态氮肥处理的直链淀粉、可溶性糖和蔗糖含量显著低于硝态氮肥和酰胺态氮肥处理，中氮和高氮水平时，酰胺态氮肥处理的总淀粉、直链淀粉和蔗糖含量高于其他处理，硝态氮肥处理的可溶性糖含量显著高于其他处理。比较发现，蔗糖受氮肥用量变异最大，其次是直链淀粉和可溶性糖，受氮肥用量影响变异最小的是支链淀粉。可见，氮素是淀粉品质的重要可控因子，高氮条件更有利于增加淀粉各组分含量，进而改善籽粒品质。

表6-12 不同处理小麦淀粉和可溶性糖含量

氮肥形态	氮水平	总淀粉含量（%）	直链淀粉含量（%）	支链淀粉含量（%）	直支比	可溶性糖含量（%）	蔗糖含量（%）
NO_3^--N	低	62.98e	17.82d	45.16d	0.39b	60.83e	15.81g
	中	64.01d	18.37c	45.64bc	0.40ab	67.41b	17.53e
	高	65.76b	19.56b	46.20a	0.42ab	68.90a	22.91b
NH_4^+-N	低	62.45f	17.52e	44.93d	0.39b	58.47g	15.20g
	中	63.33e	18.09cd	45.24cd	0.40ab	60.19e	16.58f
	高	64.85c	19.52b	45.33cd	0.43ab	63.75c	19.65c
$CDNH_2-N$	低	62.15f	18.26c	43.89e	0.42ab	59.33f	15.43g
	中	64.59c	19.68b	44.91cd	0.44ab	62.49d	18.25d
	高	67.61a	21.62a	45.99ab	0.47a	64.28c	23.71a
氮肥形态（F）		**	**	**	**	**	**
施氮量（R）		**	**	**	**	**	**
$F×R$		**	**	**	**	**	**

注：①同列数据后不同小写字母表示同一氮形态不同氮水平间差异显著（$P<0.05$）；②** 表示 $P<0.01$；③直支比为直链淀粉含量/支链淀粉含量。

五、氮素累积转运与产量间的通径分析

为了探讨氮素转运量与产量的相关性，对产量（Y）与叶片花前氮素转运量（X_1）、茎秆+茎鞘花前氮素转运量（X_2）、颖壳+穗轴花前氮素转运量（X_3）、花后氮素累积量（X_4）进行了逐步回归分析，得到的最优回归方程为：

$$Y=1463：233+21：464X_1+31：276X_2+45：962X_3+24：832X_4$$

方程的多元决定系数 $R^2=0.997$。其中，叶片花前氮素转运量和花后氮素累积量与产量呈极显著相关。偏相关系数 $X_3>X_2>X_1$，表明氮素转运依据就近原则，即越靠近籽粒的营养器官越易转运氮素。

从表6-13可以看出，叶片花前氮素转运量、茎秆+茎鞘花前氮素转运量、颖壳+穗轴花前氮素转运量和花后氮素累积量对小麦产量的直接影响都是正向的，叶片花前氮素转运量对产量的直接影响最大，直接通径系数为0.614。茎秆+茎鞘花前氮素转运量、颖壳+穗轴花前氮素转运量和花后氮素累积量，这三者通过叶片花前氮素转运量对产量

的间接影响比较明显，且都是正效应，间接通径系数分别为 0.386、0.102 和 0.053。

表 6-13　产量与氮素转运特性的通径分析

因子	直接影响	间接影响			
		$\to X_1 \to Y$	$\to X_2 \to Y$	$\to X_3 \to Y$	$\to X_4 \to Y$
叶片	0.614	—	0.104	0.061	0.033
茎秆+茎鞘	0.166	0.386	—	0.131	0.062
颖壳+穗轴	0.366	0.102	0.059	—	0.010
花后	0.380	0.053	0.027	0.009	—

六、讨　论

（一）施氮量对小麦产量和品质的影响

有研究表明，随着小麦生育期的延长，氮素累积量呈增加的趋势，各生育时期氮素累积量随着施氮量增加而显著增加（同延安等，2007）。当施氮量大于 150 kg/hm² 时，继续增加氮肥不能显著增加氮素累积量，花前氮素转运率及转运氮素对籽粒的贡献率降低（赵俊晔和于振文，2006）。本研究表明，小麦各生育阶段氮素积累量和所占比例表现为出苗—拔节>拔节—开花>开花—成熟，出苗—拔节阶段是氮素积累最多的阶段。随着生育进程的推进，不同处理小麦植株含氮量显著增加。在同一形态氮肥下，随着施氮量增加，小麦各时期植株含氮量和籽粒含氮量均先增后减，施肥中氮水平的植株含氮量最高。综上所述，在同一形态氮肥下，籽粒产量和籽粒含氮量均在中氮水平（150 kg/hm²）达到最大值。可见，过量氮肥不利于高产，原因是拔节—开花阶段是小麦吸收氮素的敏感期，过量施氮易造成小麦无效分蘖过多，不利于培育小麦健壮植株，无法形成合理的群体结构，光合作用下降导致干物质合成及转运受到限制，从而降低籽粒产量。

有研究表明，施氮能显著提高小麦产量（石玉和于振文，2006），施氮量为 276 kg/hm² 时可以显著提高小麦的穗重和穗粒数，产量与穗粒数达极显著相关（蒋会利等，2010）。本研究结果发现，氮肥用量对产量有极显著的调控效应，显著影响强筋小麦的千粒重，过量施氮会降低氮素吸收效率和氮素生产效率。众多研究表明，适当增加施氮量能提高蛋白质含量，显著增加湿面筋含量和沉降值，有利于改善强筋小麦的营养品质和加工品质，过量施氮会引起加工品质变差（郭明明等，2015；赵俊晔和于振文，2006；曹承富等，2005）。本研究结果发现，氮素是蛋白质和淀粉品质的重要可控因子，清蛋白含量、球蛋白含量、谷醇比、蛋白质含量、湿面筋含量和面筋指数均表现为随施氮量增加而提高，高氮水平下这些指标最高。高氮条件更有利于增加淀粉各组分含量，进而改善籽粒品质。

（二）不同形态氮肥对小麦产量和品质的影响

氮肥形态对小麦产量影响的研究结果不太一致。有研究表明，施用硝态氮肥能显著提高小麦干物质累积量，氮素吸收效率也高于铵态氮肥处理（扶艳艳，2012）。小麦施用长效碳铵颗粒肥后，与尿素相比具有较高的肥效，减少了氮素损失（薛延丰等，2014）。施用硝态氮肥产量最高，施用添加硫酸铵的尿素次之，但二者没有显著差异，施用尿素产量最低（李娜等，2013）。不同形态氮肥对小麦花后干物质的积累分配有显著影响，硝态氮肥处理较酰胺态氮肥处理增产5.8%，增产效果最佳（尹飞等，2009）。在本研究中，铵态氮肥的产量最低，低于硝态氮肥和酰胺态氮肥处理。氮肥形态显著影响穗数。氮肥用量对硝态氮肥和酰胺态氮肥处理产量的调控因子主要是穗粒数和千粒重，对铵态氮肥产量的调控因子主要是穗数和穗粒数。本研究还发现，施用铵态氮肥的小麦品质最差。酰胺态氮肥配套高氮处理更有利于改善蛋白质及面筋品质。氮肥形态会导致淀粉各组分含量的差异。酰胺态氮肥处理的总淀粉、直链淀粉和蔗糖含量高于其他处理，硝态氮肥处理的可溶性糖含量显著高于其他处理。

出现本试验结果可能是因为铵态氮肥易与土壤粒子结合，附着于土壤耕作层表层，深层根系无法吸收足够的养分。同时，在越冬期之前，过多的铵态氮在小麦根部积累会发生氨毒，抑制根部呼吸，影响其他离子吸收，使得地上部分生长受到抑制。试验地10月降水量较大，铵态氮还原后的硝酸根离子易被淋溶，造成氮素损失，下移到越冬期之前小麦根系不可吸收的范围内，无法与小麦生长期相适应，影响氮素吸收和干物质形成，造成小麦产量和品质降低。硝态氮移动性较大，小麦生育后期根系较深，有利于吸收土壤深层累积的氮素，保证了后期的氮素需求。尿素是一种酰胺态氮肥，它要经过土壤中脲酶的催化才能转化成小麦能直接吸收的铵态氮，因此，影响脲酶活性的温度、光照和pH值等都会影响到尿素的转化速率。返青期后，小麦正处于营养生长和生殖生长并进的时期，养分需求增多，此时，随着地温回升，脲酶活性加强，尿素转化的铵态氮数量显著增加，生成的氮素能迅速供小麦植株利用，进而造成施用酰胺态氮效果最佳，硝态氮次之，铵态氮效果最差。此外，施用酰胺态氮肥可能提高了旗叶硝酸还原酶、籽粒谷氨酰胺合成酶和谷氨酸合成酶的活性，从而增加了籽粒蛋白质含量，改善了小麦品质（王小纯等，2005）。

方差分析表明，氮肥形态和用量对冬小麦各生育时期氮素积累量及所占比例有极显著的影响，对醇溶蛋白含量、蛋白质产量、面筋指数、淀粉含量和蔗糖含量有极显著的调控效应，且二者存在一定的互作效应。通径分析表明，叶片花前氮素转运量对小麦产量的直接影响最大。

七、结 论

三种氮肥均在氮肥用量150 kg/hm² 时产量最高，225 kg/hm² 时品质最优。施用量为150 kg/hm² 时，能显著提高小麦开花—成熟阶段氮素积累量，增加花前氮素转运量和花后氮素积累量，促进籽粒氮素的累积。

硝态氮肥和酰胺态氮肥处理的产量间没有显著差异，但酰胺态氮肥的氮素吸收效率和氮素生产效率较高。铵态氮肥处理的小麦产量和品质最差，酰胺态氮肥有利于改善蛋白质及面筋品质。

在山西晋中麦区，施用酰胺态氮肥更有利于小麦增产提质，并减少农田氮素污染，在实际小麦生产中应根据小麦产量品质要求合理运筹氮肥。

第三节 氮肥后移对强筋小麦氮素积累转运及籽粒产量与品质的影响

本节的研究内容见第二章第一节第十三部分；指标测定方法见第二章第二节；数据处理与统计分析方法见第二章第三节。

一、植株氮素累积特性

由图6-5可知，植株干物质量随着生育时期明显增加，拔节期到孕穗期增加的幅度最大，在成熟期达到最大值。追肥处理在拔节后的各时期干物质量显著增加，以6：

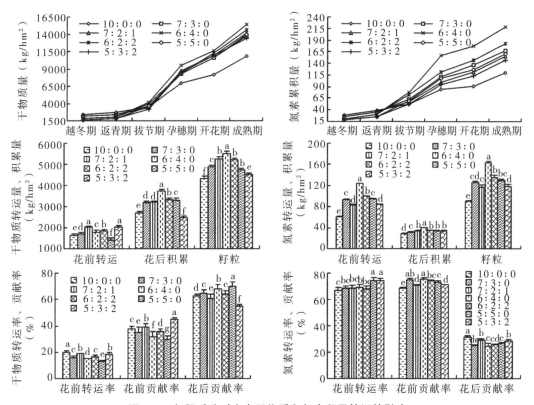

图6-5 氮肥后移对小麦干物质和氮素积累转运的影响

注：①同一指标下的不同字母表示不同处理差异显著（$P<0.05$）；②各处理为基肥：拔节肥：孕穗肥。

4∶0（基肥∶拔节肥∶孕穗肥，下同）处理增幅最为明显。籽粒产量中有 55.12% ~ 70.04% 是来自花后干物质积累。一次追肥时，随着追肥用量的增加，花前干物质转运量、花后干物质积累量和籽粒产量呈先增后减的趋势。分两次追肥与一次追肥相比，花前干物质转运量明显增加。一次追肥时，随着基肥用量降低，花前干物质转运率和花前干物质贡献率显著减少，花后积累干物质贡献率显著增加。分两次追肥时，与一次追肥相比，花前干物质转运率、转花前转运干物质贡献率均明显增加，花后干物质积累量对籽粒的贡献率显著降低（$P<0.05$）。

由图 6-5 可知，随生育进程推移，各处理冬小麦植株氮素累积量呈明显增加的趋势，增加幅度最大的时期是拔节期—孕穗期，所有含追肥处理均提高了这种增加幅度，其中以 6∶4∶0 处理的增加幅度最大（72.58%）。拔节期前以单一基肥处理（10∶0∶0）的植株含氮量最高，随基肥用量降低，植株含氮量呈明显降低的趋势。拔节期后到成熟期，随追肥用量增加，植株含氮量呈先升高后降低的趋势，且一次追施拔节肥明显优于分两次追施。籽粒氮素中有 68.38% ~ 75.18% 是来自花前氮素转运，随着追肥用量的增加，花前氮素转运量和花后氮素积累量呈先升高后降低的趋势，6∶4∶0 处理的氮素转运量和积累量显著高于其他处理。一次追肥花前氮素转运量明显优于分两次追肥（$P<0.05$）。化前氮素转运率随追肥用量增加而增大，花前转运氮素贡献率随追肥用量先增后减，单一基肥处理（10∶0∶0）花后积累氮素对籽粒氮素贡献率最大，这是由于其籽粒氮素含量最少导致的。

可见，拔节期是干物质和氮素积累的关键期，与"一炮轰"的传统施肥方式相比，适当重施拔节肥提高了花前干物质转运量和花后干物质积累量，进而提高籽粒产量。同时，重施拔节肥能明显提高拔节期后植株氮素积累量，提高花前氮素转运量和花后氮素积累量，促进氮素向籽粒的转运。可见，按 6∶4∶0 方式施肥时，籽粒产量和籽粒氮素积累量同时达到最高。

二、产量构成因素及氮效率

由表 6-14 可知，拔节期一次追肥显著增加了穗数和穗粒数；随追肥用量增加，穗数和穗粒数呈先升高后降低的趋势，6∶4∶0 处理产量显著高于其他追肥处理（$P<0.05$）。追肥处理的氮肥吸收效率和氮素生产效率明显高于以单一基肥处理（10∶0∶0）。分两次追肥时，与一次追肥相比，千粒重均有所增加，产量在 7∶2∶1 处理与一次追肥 7∶3∶0 处理虽有增加，却仍然明显低于 6∶4∶0 处理（$P<0.05$）。经计算比较，氮肥吸收效率变异最大（17.27%），产量构成因素变异较大的是穗粒数（6.48%），其次是千粒重（5.31%）和穗数（4.51%）。可见，拔节期追肥能通过显著增加穗数和穗粒数来提高小麦产量，提高氮肥吸收效率，适当重施拔节肥（6∶4∶0）能明显提高籽粒产量和氮素吸收效率。

表 6-14 氮肥后移对小麦产量构成因素及氮效率的影响

施肥处理	穗数（万穗/hm²）	穗粒数（粒）	千粒重（g）	氮素吸收效率（kg/kg）	氮素生产效率（kg/kg）
10：0：0	296.50c	38.50c	39.85bc	0.80e	28.95f
7：3：0	317.75b	42.00b	38.47bc	1.12c	32.66c
7：2：1	317.75b	42.50b	40.88ab	1.03cd	35.13b
6：4：0	327.75a	45.50a	38.68bc	1.46a	36.70a
6：2：2	325.75a	41.50b	40.39ab	1.22b	34.75b
5：5：0	315.50b	42.50b	36.91c	1.08c	31.50d
5：3：2	290.75c	37.50c	43.53a	0.98d	30.13e
平均值	313.11	41.43	39.81	1.10	32.83
CV（%）	4.51	6.48	5.31	17.27	7.98

注：同一列数据后不同字母表示处理间差异显著（$P<0.05$）。

三、营养品质分析

由表 6-15 可知，拔节期一次追肥时，6：4：0 处理的蛋白质含量和湿面筋含量达到强筋小麦标准，随着追肥用量增加，醇溶蛋白含量、谷蛋白含量、蛋白质含量、蛋白质产量、湿面筋含量和面筋指数呈先升高后降低的趋势（$P<0.05$），较单一基肥处理（10：0：0）分别增加了 18.4%、26.4%、14.6%、45.5%、13.8%、10.0%。两次追肥时，醇溶蛋白含量、谷蛋白含量、湿面筋含量和面筋指数都小于一次追肥。经计算比较，处理间变异较大的是蛋白质产量（12.20%），其次是谷蛋白含量（7.78%），清蛋白含量几乎不受追肥影响（0.87%），其余指标变异系数为 2.14%～5.82%。可见，氮肥后移能调节蛋白质组分和面筋质量，6：4：0 处理能够明显提高蛋白质含量、湿面筋含量和面筋指数，提高面筋数量和质量，改善籽粒品质。

表 6-15 氮肥后移对冬小麦蛋白质和面筋的影响

施肥处理	清蛋白含量（%）	球蛋白含量（%）	醇溶蛋白含量（%）	谷蛋白含量（%）	谷醇比	蛋白质含量（%）	蛋白质产量（kg/hm²）	湿面筋含量（%）	面筋指数
10：0：0	2.42a	1.93a	4.13e	4.39f	1.06cd	12.86e	558.50f	33.23e	75.47e
7：3：0	2.39a	1.91a	4.62c	5.08c	1.10b	13.99d	685.46c	35.56c	79.12c
7：2：1	2.40a	1.92a	4.34d	4.60e	1.13d	13.25c	698.46c	32.17f	76.73d
6：4：0	2.40a	1.92a	4.89a	5.55a	1.13a	14.75a	812.29a	37.82a	83.03a
6：2：2	2.42a	1.94a	4.78b	5.22b	1.09bc	14.36b	748.28b	36.57b	81.13b
5：5：0	2.41a	1.94a	4.55c	5.04c	1.11ab	13.97c	657.29d	35.25cd	78.50c

（续表）

施肥处理	清蛋白含量（%）	球蛋白含量（%）	醇溶蛋白含量（%）	谷蛋白含量（%）	谷醇比	蛋白质含量（%）	蛋白质产量（kg/hm²）	湿面筋含量（%）	面筋指数
5∶3∶2	2.36a	2.03a	4.39d	4.89d	1.12ab	13.67c	617.97e	34.26d	77.02d
平均值	2.40	1.94	4.53	4.97	1.10	13.83	682.61	34.98	78.71
CV（%）	0.87	2.14	5.82	7.78	2.52	4.63	12.20	5.53	3.36

注：同一列数据后不同字母表示处理间差异显著（$P<0.05$）。

由表6-16可知出，拔节期一次追肥时，小麦总淀粉、直链淀粉、支链淀粉、可溶性糖和蔗糖含量呈先升高后降低的趋势（$P<0.05$）；6∶4∶0处理总淀粉、直链淀粉和支链淀粉含量较单一基肥处理（10∶0∶0）分别提高了9.8%、20.78%、5.5%；两次追肥时，总淀粉、直链淀粉、支链淀粉含量均小于一次追肥，可溶性糖和蔗糖含量则出现了差异。经计算比较，蔗糖含量受追肥变异较大（15.72%），其次是直链淀粉含量（7.48%）和可溶性糖含量（6.41%），支链淀粉含量变异最小（1.80%）。可见，氮素是影响淀粉品质的活跃因素，6∶4∶0施肥方式能明显提高淀粉各组分含量，提高百支比，进而影响面粉糊化特性，改善小麦籽粒品质。

表6-16　氮肥后移冬小麦淀粉和可溶性糖的影响

施肥处理	总淀粉含量（%）	直链淀粉含量（%）	支链淀粉含量（%）	直支比	可溶性糖含量（%）	蔗糖含量（%）
10∶0∶0	61.40f	17.42d	43.98d	0.40d	59.49d	15.95d
7∶3∶0	65.24d	19.57b	45.67b	0.43b	63.47c	20.86b
7∶2∶1	63.14e	18.46c	44.68c	0.41c	66.57b	21.96b
6∶4∶0	67.47a	21.04a	46.43a	0.45a	65.53b	21.21b
6∶2∶2	66.07c	20.55a	45.52b	0.45a	68.84a	23.41a
5∶5∶0	66.59b	21.03a	45.57b	0.46a	62.59c	17.84c
5∶3∶2	62.99e	18.27c	44.72c	0.41cd	57.16e	15.60d
平均值	64.70	19.48	45.22	0.43	63.38	19.55
CV（%）	3.44	7.48	1.80	5.54	6.41	15.72

注：同一列数据后不同字母表示处理间差异显著。

四、产量和品质性状与氮素、干物质转运特性的相关分析

对冬小麦产量品质性状与氮素、干物质转运特性的相关分析表明（表6-17），在产量及其构成因素上，干物质花前转运量与千粒重呈显著正相关（$P<0.05$），干物质花后积累量与穗数、穗粒数呈极显著正相关（$P<0.01$），进一步影响了产量，与产量显著正相关。花前氮素转运量与穗数、穗粒数、产量呈显著正相关，花后氮素积累量与产量显

著正相关。

表 6-17　产量品质性状与氮素、干物质转运特性的相关系数

指标	相关系数			
	干物质		氮素	
	花前转运量	花后积累量	花前转运量	花后积累量
穗数	−0.110	0.960**	0.760*	0.614
穗粒数	−0.200	0.975**	0.798*	0.713
千粒重	0.848*	−0.655	−0.339	−0.094
产量	0.299	0.856*	0.785*	0.792*
醇溶蛋白含量	−0.066	0.792*	0.959**	0.784*
谷蛋白含量	−0.102	0.711	0.968**	0.811*
蛋白质含量	−0.069	0.721	0.963**	0.807*
蛋白质产量	0.174	0.880**	0.922**	0.867*
湿面筋含量	−0.280	0.642	0.861*	0.649
面筋指数	−0.058	0.846*	0.950**	0.827*
总淀粉含量	−0.332	0.842*	0.924**	0.748
直链淀粉含量	−0.390	0.825*	0.872*	0.708
支链淀粉含量	−0.213	0.862*	0.966**	0.779*
直支比	−0.478	0.762*	0.791*	0.641
可溶性糖含量	0.114	0.809*	0.540	0.464
蔗糖含量	0.256	0.760*	0.574	0.466

注：* 和 ** 分别表示 0.05 和 0.01 显著水平。

在品质性状方面，干物质花后积累量与球蛋白含量呈负相关，与蛋白质产量呈极显著正相关。花前氮素转运量与醇溶蛋白含量、谷蛋白含量、蛋白质含量、蛋白质产量、面筋指数、总淀粉含量、支链淀粉含量均呈极显著正相关，相关系数分别是 0.959、0.968、0.963、0.922、0.950、0.924、0.966，与产量、湿面筋含量、直链淀粉含量和直支比均呈显著正相关。花后氮素积累量与醇溶蛋白含量、谷蛋白含量、蛋白质含量、蛋白质产量、面筋指数、支链淀粉含量呈显著正相关。表明提高干物质花后积累量与花前氮素转运量更能提高小麦产量并改善小麦的营养品质。

五、讨　论

（一）氮肥运筹对冬小麦氮素和干物质积累转运的影响

王月福等（2003）研究表明，增施氮肥提高了小麦植株吸氮强度，吸氮量增加，是提高产量和蛋白质含量的基础。赵满兴等（2006）研究表明，在施氮量 180kg/hm² 时籽粒氮素积累量达到最高，继续增加氮肥用量则籽粒氮素积累量降低。施氮量相同

时，分次施用氮肥可以提高小麦植株氮素积累量和氮素吸收效率（Demotes-Mainard，2004）。研究表明，增加氮肥基追比会导致小麦旺长且影响后期生长，氮肥基追比3∶7能提高氮肥利用效率（赵士诚等，2017）。本研究表明，在施氮总量相同时，增加拔节期追氮比例，有利于增加植株开花期与成熟期的含氮量、花前氮素转运量、花后氮素积累量，促进花前氮素向籽粒转运，提高了氮肥的吸收与利用。随着追肥时间后移，花后积累氮素对籽粒氮素的贡献率增加，这可能因为拔节期是小麦生长的关键阶段，于拔节期之后追肥能与小麦的生育阶段相吻合，这与马冬云等（2009）的研究结果基本一致。本研究结果还表明，分两次追肥的效果不及拔节期一次追肥。

干物质积累是产量形成的前提，养分吸收是干物质形成的基础，氮素供应与干物质量直接相关（胡梦芸等，2007）。追氮时期不同，施氮对干物质积累的调控效应也不同（吴光磊等，2012）。本研究表明，在施氮总量为150 kg/hm² 下，与传统"一炮轰"施肥方式相比，拔节期追肥能够增加花前干物质转运量和花后干物质积累量，为高产提供了物质基础，在增产稳产的同时，增强了小麦对氮素的吸收利用，减少了氮素对农田的污染。

（二）氮肥运筹对冬小麦产量及氮效率的影响

氮肥运筹对产量调节效应的研究很多，但是结果不太一致。卜冬宁等（2012）研究表明，追氮比例对小麦产量及其构成因素影响不显著。姜丽娜等（2010）研究表明，在豫中麦田全生育期施纯氮270 kg/hm²，在拔节期基追比3∶7追氮，可以提高穗粒数和千粒重。本研究表明，在山西晋中麦区，拔节期一次追氮通过显著增加穗数和穗粒数来提高小麦产量，提高了氮肥吸收效率，降低了氮肥在土壤中的蓄积。这与王月福等（2002）研究结果基本一致。同时，将拔节期追氮量分为拔节期和孕穗期两次追肥，其效果不如拔节期一次追肥，这是因为拔节期是小麦由营养生长向生殖生长转换的关键时期，需水需肥最多，无效分蘖逐渐消失，有效分蘖向着成穗的方向生长。将一部分氮素后移到孕穗期，无法满足小麦拔节期的氮素需求，造成无效分蘖增多，小麦群体通风透光差，光合作用降低，影响了干物质的生成和花前干物质向籽粒中转运，与拔节期一次追肥相比产量有下降趋势。

（三）氮肥运筹对冬小麦品质的影响

研究表明，小麦拔节期一次全量追肥，对蛋白质品质改善效应更为显著（贺明荣等，2005）。本研究表明，追氮对提高蛋白质含量和面筋含量有明显的效果，拔节期一次追氮比拔节期和孕穗期两次追氮对醇溶蛋白含量、谷蛋白含量、蛋白质含量、湿面筋含量、面筋指数、淀粉含量的调节作用更为显著，从而改善了籽粒品质。相关分析还表明，提高干物质花后积累量与花前氮素转运量更能改善小麦品质。可见，通过改变追氮比例和追氮时期，能够调控冬小麦的蛋白质含量和湿面筋含量，对山西中部麦区改进施肥方式有一定的指导意义。

六、结 论

拔节期追氮对强筋小麦 CA0547 的产量和品质有显著的调节作用，既可满足小麦拔节期需肥，促进植株氮素和干物质的累积，增加花前氮素和干物质向籽粒中的转运，进而通过显著增加穗数和穗粒数提高产量，提高氮素吸收效率和氮素生产效率，又可增加蛋白质含量和淀粉含量，改变谷醇比和直支比，从而调节小麦品质。拔节期一次重追氮肥效果比拔节期和孕穗期分两次追氮肥的效果好。综合分析得出，在本试验条件下，施氮量为 $150\ kg/hm^2$ 时，基肥：拔节肥：孕穗肥=6：4：0 能较好地协调产量品质之间的关系。

参考文献

卜冬宁，李瑞奇，张晓，等，2012. 氮肥基追比和追氮时期对超高产冬小麦生育及产量形成的影响 [J]. 河北农业大学学报（4）：6-12.

曹承富，孔令聪，汪建来，等，2005. 施氮量对强筋和中筋小麦产量和品质及养分吸收的影响 [J]. 植物营养与肥料学报（1）：46-50.

陈炜，邓西平，聂朝娟，等，2010. 不同栽培模式下两个旱地小麦品种籽粒灌浆特性与产量构成分析 [J]. 水土保持研究（3）：240-244.

戴忠民，张秀玲，张红，等，2015. 不同灌溉模式对小麦籽粒蛋白质及其组分含量的影响 [J]. 核农学报（9）：1791-1798.

扶艳艳，2012. 氮素形态对小麦产量及氮肥利用率的影响 [D]. 洛阳：河南科技大学.

郭明明，赵广才，郭文善，等，2015. 施氮量与行距对冬小麦品质性状的调控效应 [J]. 中国生态农业学报（6）：668-675.

何丽香，傅兆麟，宫晶，等，2014. 小麦灌浆期上三叶叶绿素含量与产量和品质的关系 [J]. 中国农学通报（15）：183-187.

贺明荣，杨雯玉，王晓英，等，2005. 不同氮肥运筹模式对冬小麦籽粒产量品质和氮肥利用率的影响 [J]. 作物学报（8）：1047-1051.

胡梦芸，张正斌，徐萍，等，2007. 亏缺灌溉下小麦水分利用效率与光合产物积累运转的相关研究 [J]. 作物学报（11）：1884-1891.

姜丽娜，郑冬云，王言景，等，2010. 氮肥施用时期及基追比对豫中地区小麦叶片生理及产量的影响 [J]. 麦类作物学报（1）：149-153.

蒋会利，温晓霞，廖允成，2010. 施氮量对冬小麦产量的影响及土壤硝态氮运转特性 [J]. 植物营养与肥料学报（1），237-241.

李娜，王朝辉，苗艳芳，等，2013. 氮素形态对小麦的增产效果及干物质积累的影响 [J]. 河南农业科学（6）：73-76.

刘孝成，赵广才，石书兵，等，2017. 肥水调控对冬小麦产量及籽粒蛋白质组分的影响 [J]. 核农学报（7）：1404-1411.

马冬云，郭天财，岳艳军，等，2009. 不同时期追氮对冬小麦植株氮素积累及转运特性的影响 [J]. 植物营养与肥料学报（2）：262-268.

齐亚娟，徐萍，张正斌，等，2013. 耐盐小麦品种在干旱条件下的农艺性状分析 [J]. 中国生态农业学报（12）：1484-1490.

石玉，于振文，2006. 施氮量及底追比例对小麦产量、土壤硝态氮含量和氮平衡的影响 [J]. 生态学报（11）：3661-3669.

同延安，赵营，赵护兵，等，2007. 施氮量对冬小麦氮素吸收、转运及产量的影响 [J]. 植物营养与肥料学报（1）：64-69.

王美，赵广才，石书兵，等，2017. 施氮及控水对黑粒小麦旗叶光合特性及籽粒灌浆的影响 [J]. 核农学报（1）：179-186.

王小纯，熊淑萍，马新明，等，2005. 不同形态氮素对专用型小麦花后氮代谢关键酶活性及籽粒蛋白质含量的影响 [J]. 生态学报（4）：802-807.

王月福，于振文，李尚霞，等，2002. 氮素营养水平对小麦开花后碳素同化、运转和产量的影响 [J]. 麦类作物学报（2）：55-59.

王月福，于振文，李尚霞，等，2003. 土壤肥力和施氮量对小麦氮素吸收运转及籽粒产量和蛋白质含量的影响 [J]. 应用生态学报（11）：1868-1872.

吴光磊，郭立月，崔正勇，等，2012. 氮肥运筹对晚播冬小麦氮素和干物质积累与转运的影响 [J]. 生态学报（16）：5128-5137.

吴晓丽，汤永禄，李朝苏，等，2015. 不同生育时期渍水对冬小麦旗叶叶绿素荧光及籽粒灌浆特性的影响 [J]. 中国生态农业学报（3）：309-318.

薛延丰，汪敬恒，李恒，2014. 不同氮素形态对小麦体内氮磷钾分布及群体结构和产量的影响 [J]. 西南农业学报（6）：2444-2448.

要燕杰，高翔，吴丹，等，2014. 小麦农艺性状与品质特性的多元分析与评价 [J]. 植物遗传资源学报（1）：38-47.

尹飞，陈明灿，刘君瑞，2009. 氮素形态对小麦花后干物质积累与分配的影响 [J]. 中国农学通报（13）：78-81.

赵俊晔，于振文，2006. 高产条件下施氮量对冬小麦氮素吸收分配利用的影响 [J]. 作物学报（4）：484-490.

赵满兴，周建斌，杨绒，等，2006. 不同施氮量对旱地不同品种冬小麦氮素累积、运输和分配的影响 [J]. 植物营养与肥料学报（2）：2143-2149.

赵士诚，魏美艳，仇少君，等，2017. 氮肥管理对秸秆还田下土壤氮素供应和冬小麦生长的影响 [J]. 中国土壤与肥料（2）：20-25.

赵勇，张树华，王杰，等，2016. 小麦籽粒灌浆期蛋白质组分含量变化规律的研究 [J]. 河北农业大学学报（5）：8-11，17.

朱晓霞，谭德水，江丽华，等，2013. 减量施用控释氮肥对小麦产量效率及土壤硝态氮的影响 [J]. 土壤通报（1）：179-183.

朱新开，周君良，封超年，等，2005. 不同类型专用小麦籽粒蛋白质及其组分含量变化动态差异分析 [J]. 作物学报（3）：342-347.

DEMOTES-MAINARD S, JEUFFROY M H, 2004. Effects of nitrogen and radiation on dry matter and nitrogen accumulation in the spike of winter wheat [J]. Field Crops Research, 87 (2-3): 221-233.

LAW C N, SNAPE J W, WORLAND A J, 1978. The genetical relationship between height and yield in wheat [J]. Heredity, 40 (1): 133-151.

第七章

硒肥和锌肥对优质小麦产量及品质的影响

第一节 施硒肥对强筋小麦产量、硒累积分配及品质的影响

本节的研究内容见第二章第一节第十四部分；指标测定方法见第二章第二节；数据处理与统计分析方法见第二章第三节。

一、总生物量及籽粒产量差异

由图 7-1 可以看出，与对照不施有机富硒肥 S0 比较，播种前土施有机富硒肥各处理均明显提高强筋小麦总生物量和籽粒产量（$P < 0.05$），提高幅度分别为 1.0% ~ 14.7% 和 2.4%~42.4%；随肥料用量增加，地上部总生物量和籽粒产量均呈先增加后降低趋势，以 S30＋F 处理达到最高值。说明该试验土壤硒条件下（土壤硒含量 0.50 mg/kg），适量硒可以促进强筋小麦干物质累积，而硒过量则表现抑制作用。同一土施处理下，叶面喷施硒肥处理（F、F0）对小麦籽粒产量和总生物量无显著影响（$P > 0.05$）。F 测验也表明，土施有机富硒肥对强筋小麦生物量和产量均有极显著影响，叶面喷施硒肥对强筋小麦生物量和产量无显著影响。

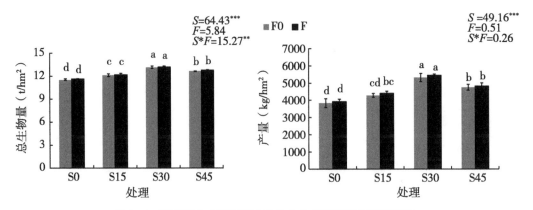

图 7-1 施硒肥方式对强筋小麦总生物量和籽粒产量的影响

注：不同小写字母表示处理间差异在 0.05 水平上显著，本章余图同。

二、不同器官干物质量及硒累积转运规律

不同施硒方式对强筋小麦植株各器官干物质量（表7-1）与产量（图7-1）的影响结果相似。与对照不施有机富硒肥 S0 比较，播种前土施有机富硒肥明显提高强筋小麦各器官（根、茎+叶、颖壳+穗轴、籽粒）干物质量（$P<0.05$），提高幅度分别为 1.9%~21.9%、1.5%~10.6%、1.8%~19.5% 和 1.3%~18.2%；各器官干物质量占植株总量的百分比依次为茎+叶>根>籽粒>颖壳+穗轴。随肥料用量增加，各器官干物质量均呈先增加后降低趋势，以 S30+F 处理达到最高值；各器官干物质量占植株总量的百分比除茎+叶外，颖壳+穗轴和籽粒表现为先减少后增加趋势，根表现为递增趋势。试验结果表明适量硒可以促进强筋小麦干物质累积，而硒过量则表现抑制作用。同一土施硒肥处理下，F 与 F0 处理对干物质量无显著影响（$P>0.05$）。F 测验表明，土施硒肥处理对强筋小麦各器官干物质量均有极显著影响，而叶面喷施硒肥和土施硒肥×叶面喷施硒肥处理对强筋小麦各器官干物质量无显著影响。

表7-1　施硒肥方式对强筋小麦不同器官干物质量及其占植株总量百分比的影响

土施	叶喷	根		茎+叶		颖壳+穗轴		籽粒		植株总干物质量（g/株）
		干物质量（g/株）	占比（%）	干物质量（g/株）	占比（%）	干物质量（g/株）	占比（%）	干物质量（g/株）	占比（%）	
S0	F0	3.11d	21.03	8.13d	51.96	1.64d	11.05	2.36d	15.96	14.49d
	F	3.17d	20.99	8.25d	52.23	1.67d	10.96	2.39d	15.82	15.11d
S15	F0	3.36c	20.75	8.47cd	52.37	1.79c	11.04	2.56c	15.84	16.17c
	F	3.42c	20.98	8.49bcd	52.44	1.80c	11.03	2.53c	15.55	16.28c
S30	F0	3.73a	20.83	8.97ab	52.65	1.96a	10.94	2.79a	15.58	17.91a
	F	3.79a	20.95	8.99a	52.82	1.96a	10.85	2.78a	15.38	18.07a
S45	F0	3.49b	21.06	8.64abc	52.10	1.85b	11.16	2.60bc	15.69	16.58b
	F	3.43b	20.52	8.63abc	51.94	1.89b	11.35	2.69ab	16.19	16.62b
$F_{土施}$		110.66***		208.06***		267.05***		41.52***		1413.42***
$F_{叶喷}$		0.07		2.72		0.39		0.63		9.03**
$F_{土施×叶喷}$		1.22		1.36		2.43		0.95		1.69

注：①不同小写字母表示处理组合间差异在 0.05 水平上显著，本章余表同；②* 表示 $P<0.05$，** 表示 $P<0.01$，*** 表示 $P<0.001$，本章余表同。

由表7-2 可知，随着硒肥施用量的增加，小麦植株各器官硒含量显著提高（$P<0.05$），各器官硒含量多数表现为根、茎+叶、籽粒、颖壳+穗轴 4 部分依次递减。在 S0 处理下，根、籽粒、茎+叶、颖壳+穗轴的硒含量分别为 0.213 mg/kg、0.124 mg/kg、0.103 mg/kg 和 0.089 mg/kg，而施硒后相应硒含量则分别提高 1 倍、1.7 倍、2 倍和 1.3 倍。在同一土施硒肥处理条件下，除根外，植株其余各器官硒含量均呈现土施硒肥×叶面喷施硒肥处理显著高于单纯土施硒肥处理（$P<0.05$），且在施硒总量小于 45 g/hm^2 的情况下，小麦籽粒硒含量符合国家标准。

表7-2 施硒肥方式对强筋小麦不同器官硒含量及其占植株总硒含量百分比的影响

土施	叶喷	根		茎+叶		颖壳+穗轴		籽粒		植株总硒含量（mg/kg）
		硒含量（mg/kg）	占比（%）	硒含量（mg/kg）	占比（%）	硒含量（mg/kg）	占比（%）	硒含量（mg/kg）	占比（%）	
S0	F0	0.213d	40.29	0.103e	19.42	0.089f	16.86	0.124e	23.44	0.530d
	F	0.291cd	34.35	0.222d	26.15	0.120e	14.22	0.214cd	25.27	0.847c
S15	F0	0.332bcd	39.66	0.215d	25.70	0.111e	13.28	0.179d	21.36	0.838c
	F	0.406abc	38.50	0.275c	26.04	0.144d	13.60	0.231c	21.87	1.055bc
S30	F0	0.449ab	41.73	0.269c	25.01	0.137d	12.73	0.221c	20.53	1.076bc
	F	0.485a	38.51	0.310b	24.66	0.168b	13.35	0.296b	23.48	1.258ab
S45	F0	0.507a	41.43	0.305b	24.89	0.156c	12.74	0.256bc	20.94	1.225ab
	F	0.524a	37.21	0.327a	23.25	0.184a	13.07	0.373a	26.47	1.408a
$F_{土施}$		21.38***		605.98***		173.18***		58.28***		86.20***
$F_{叶喷}$		4.09		492.64***		199.04***		84.47***		58.48**
$F_{土施×叶喷}$		0.36		57.07***		0.89		3.51		1.16

同时，随着硒肥施用量的增加，强筋小麦植株各器官硒含量占植株总硒含量的百分比表现为根>茎+叶>籽粒>颖壳+穗轴。分别采用单一土施硒肥处理、单一叶面喷硒处理和土施硒肥×叶面喷硒肥处理，小麦地上部硒含量占植株总硒含量的百分比分别约为60%、65.6%和62.7%。施硒肥方式不论采用土施、叶面喷施或土施×叶面喷施，小麦地上部硒含量占植株总硒含量的比例仍然是最大的，说明小麦体内的硒主要积累在地上部。对于小麦植株根部硒含量，采用单一土施硒肥处理，其占植株总硒含量的百分比约为40.3%；相比之下，采用叶面喷硒处理其所占比例较少，约为34.4%；而采用土施×叶面喷硒处理的根部硒分配系数约为38.5%。F测验表明，土施硒肥处理对强筋小麦各器官硒含量均有极显著影响，叶喷硒肥处理则对强筋小麦除根外的其他器官均有显著或极显著影响，这说明在硒转运吸收方面，两种施硒肥方式均遵循"就近原则"，土施时小麦根系吸收的硒多数残留于根部；叶面喷施能够更好地将硒转运至籽粒中，不会被根部积累而阻止硒的转运，促进了硒茎叶—颖壳—籽粒的迁移；而土施与叶面喷施结合可以使小麦地上部与根部得到同步提升，既能保证小麦生长需求又能保证其籽粒硒含量的提高。

三、籽粒营养品质差异

由图7-2可知，与S0处理比较，施有机富硒肥处理明显提高了强筋小麦籽粒蛋白质、总淀粉、直链淀粉、支链淀粉、可溶性糖和蔗糖的含量（P<0.05），提高幅

度分别为 0.2% ~ 0.4%、2.9% ~ 10.1%、1.6% ~ 5.1%、1.34% ~ 5.0%、2.1% ~ 7.0% 和 1.21% ~ 3.53%。随硒肥用量增加，强筋小麦籽粒总淀粉、直链淀粉、支链淀粉、可溶性糖和蔗糖含量均呈先增加后降低趋势。硒肥用量相同的条件下，强筋小麦籽粒营养成分含量表现为土施硒肥×叶面喷施硒肥处理高于单一土施硒肥处理，且在 Se30+F 处理下蛋白质含量最大。经计算比较，不同处理间变异较大的小麦籽粒营养成分含量是蔗糖，其次是蛋白质、直链淀粉、支链淀粉、总淀粉和可溶性糖，Se30+F 处理能最大限度提高籽粒蛋白质及淀粉各组分含量，进而提升直支比影响面粉糊化性质，改善强筋小麦籽粒品质。F 测验表明，土施硒肥处理下强筋小麦籽粒营养成分含量均呈显著或极显著差异，叶面喷硒处理除支链淀粉外其他营养成分含量均达到显著差异水平，土施硒肥×叶面喷施硒肥处理下除直链淀粉外其他营养成分含量也均呈现显著差异（表 7-3）。

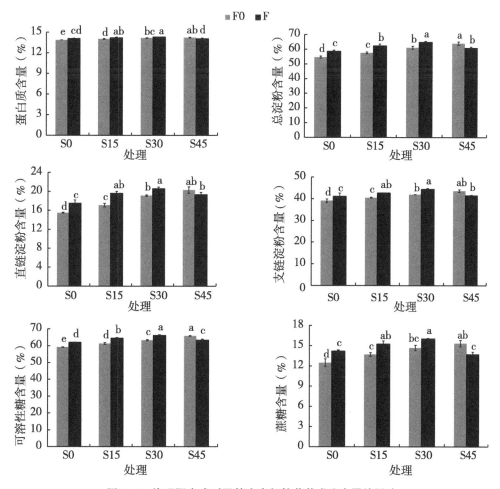

图7-2　施硒肥方式对强筋小麦籽粒营养成分含量的影响

表7-3　强筋小麦籽粒营养品质 F 值及其意义

施用方式	F 值					
	蛋白质	总淀粉	直链淀粉	支链淀粉	可溶性糖	蔗糖
土施	24.83***	85.86***	43.57***	13.93**	145.13***	17.52***
叶喷	14.01**	52.59***	26.70***	8.41	93.77***	13.55**
土施×叶喷	15.27**	34.63***	10.46	9.36**	70.73***	16.09**

四、各器官干物质量、硒含量及籽粒营养品质指标之间相关性分析

强筋小麦各器官干物质量与硒含量的相关分析见表7-4。由表7-4可见，籽粒硒含量与各器官干物质量不相关（$P>0.05$）；根中硒含量与籽粒和颖壳+穗轴的干物质量呈极显著正相关，与茎+叶中硒含量呈显著正相关（$P<0.05$）；茎+叶中硒含量与各器官的干物质量呈显著正相关（$P<0.05$）；颖壳+穗轴中硒含量与籽粒的干物质量呈显著正相关（$P<0.05$）。这表明适量地增施硒肥可以促进强筋小麦各器官干物质量累积，土施硒肥作用于小麦根部，叶面喷硒作用于茎叶，最终均促进了小麦由生殖生长向营养生长的转变。

表7-4　强筋小麦不同器官干物质量与硒含量的相关性

项目	相关系数			
	籽粒干物质量	根干物质量	颖壳+穗轴 干物质量	茎+叶 干物质量
籽粒硒含量	0.64	0.49	0.65	0.51
根硒含量	0.83**	0.76*	0.87**	0.76*
颖壳+穗轴硒含量	0.72*	0.63	0.75*	0.63
茎+叶硒含量	0.76*	0.70*	0.80*	0.71*

强筋小麦籽粒中硒含量、蛋白质含量及其各营养成分指标的相关分析见表7-5，表明籽粒中硒含量与总淀粉含量、直链淀粉含量及可溶性糖含量呈极显著正相关，与支链淀粉含量呈显著正相关（$P<0.05$），籽粒中蛋白质含量与总淀粉含量、直链淀粉含量、支链淀粉含量、可溶性糖以及蔗糖含量呈极显著正相关。这表明提高籽粒硒含量更有助于强筋小麦籽粒淀粉积累，间接影响蛋白质积累，从而改善强筋小麦营养品质。

表7-5　强筋小麦籽粒中硒含量及其营养成分指标的相关性分析

营养品质指标	相关系数					
	蛋白质含量	总淀粉含量	直链淀粉 含量	支链淀粉 含量	可溶性糖 含量	蔗糖含量
硒含量	0.46	0.65**	0.72**	0.53*	0.65**	0.40
蛋白质含量		0.92**	0.87**	0.92**	0.86**	0.88**

五、讨 论

(一) 施硒肥方式对强筋小麦产量及生物量的影响

有研究发现低浓度的硒肥处理（0.126~0.379 kg/hm²）可促进马铃薯生长，提高产量，而高浓度的硒肥处理则抑制马铃薯生长，导致减产（殷金岩，2013）。郭文慧等（2016）研究表明，土施适量亚硒酸钠溶液使紫甘薯产量显著增加。唐玉霞等（2011）研究发现在抽穗、灌浆中期喷施亚硒酸钠溶液，小麦有增产趋势但没有显著性差异变化。马玉霞等（2004）研究发现，在小麦生长后期喷施硒肥对产量没有明显影响。穆婷婷等（2017）研究发现叶面喷施和拌种施硒肥方式均可以提高谷子的产量，前者谷子产量比后者高出约2.65%，前者对谷子产量提升作用大于后者，但这两种施硒肥处理间的产量无显著差异。晋永芬等（2018）试验表明叶面喷施适宜亚硒酸钠溶液（拔节期和孕穗期10~20 mg/kg、孕穗期至灌浆前期40~50 mg/kg）促进小麦生长发育，提高小麦产量。张城铭和周鑫斌（2019）、陈雪等（2017）发现土壤和叶面施硒肥方式对水稻产量和生物量无显著差异，认为硒不是作物产量的限制因子。本研究结果与上述学者研究发现各有不同，研究表明随着土施有机富硒肥用量的增加，强筋小麦籽粒产量和总生物量呈现低浓度促进、高浓度抑制的现象，且施硒量一定条件下，土施硒肥对强筋小麦生长起到关键作用，而叶面喷施硒肥处理对其生物量和产量无显著影响。究其可能原因，一是由于施硒肥时间和部位不同，在播种前进行土施硒肥处理，硒可以在幼苗早期生长到成熟的过程中发挥作用，而在开花期进行叶面喷施硒肥处理，硒只有在开花到成熟期发挥作用，这一时间差导致叶面喷施硒肥错过了植物发育的关键阶段；二是由于有机富硒肥中含有大量有机质，土施后促进了强筋小麦植株在整个生育期的生长发育，进而提高了强筋小麦产量。说明硒肥提高强筋小麦产量取决于硒肥种类、施用时期及方式等。

此外，外源施硒提高作物生物量与产量可能与作物抗氧化能力有关。施入适量硒肥可以增强作物的抗氧化能力，在一定范围内，随着硒肥用量增加，SOD、POD、CAT等酶活性也会相应增加，提高作物产量并改善作物品质，但过量施硒肥会对作物生长产生毒害（王其兵等，1997；周鑫斌等，2007；施和平，1993），从而抑制植株抗氧化能力，最终降低产量。因此，外源硒可减轻小麦植株的氧化应激，提高生物量和产量，其潜在的机制有待进一步深入研究。

(二) 施硒肥方式对强筋小麦各器官硒累积转运的影响

在土壤硒含量较低或者轻度富硒的地区，施用硒肥是提高作物硒含量的最主要措施之一。适当供硒可以显著提高作物的硒含量。本研究发现，当施硒量小于45 g/hm²时，强筋小麦籽粒硒含量达到富硒标准。土施硒肥与叶面喷施硒肥两种方式硒转运吸收遵循"就近原则"。土施硒肥时小麦根系吸收的硒多数残留于根部；叶面喷施硒肥能够更好地将硒转运至籽粒中，促进了硒茎叶—颖壳—籽粒的迁移。施硒总量一定条件下，土施×叶面喷施硒肥处理的强筋小麦籽粒硒含量显著高于仅土施硒肥处理，且以S30+F处理效果最佳。该结果与陈雪等（2017）研究结果一致，土施时硒滞留在根部中的比例明显增加，而茎、叶和籽粒占的比例降低；叶面喷施时硒滞留在叶中的比例显著增加，而根、茎、籽粒中硒所占比例有所降低。

黄青青等（2015）研究发现当施外源硒为亚硒酸盐时，植物根系吸收的硒大部分累积在根系，只有20%硒转移到植物地上部。张城铭等（2019）研究发现，土施硒肥时水稻根部硒分配系数为21%，叶面喷施硒肥时根部硒分配系数约为2%；同时，叶面喷施硒肥时水稻籽粒中的硒分配系数为26%，约为土施的2倍。陈思扬等（2011）研究结果也证明了这个观点，施硒肥后水稻地上部和根中硒含量分别为4.40 mg/kg 和230 mg/kg，小麦地上部和根中硒含量分别为1.24 mg/kg 和88.3 mg/kg，仅有8.2%从根部转移到了地上部。由此可看出，多数作物对硒转运吸收均遵循"就近原则"。因此相比通过根系吸收转运至籽粒中的过程，硒从小麦叶面直接通过韧皮部转运至籽粒中的过程可能更加高效，能够将进入植物体内的硒更多地分配至籽粒中，避免了在长距离转运过程中的损失。但是单一叶面喷施硒肥达不到预期效果，由于叶面喷施硒肥仅在开花期进行，硒与叶面接触的时间较短，并且叶面部分硒溶液会发生蒸腾损失，也可能部分硒在叶面被同化为有机硒挥发，进而导致叶面硒肥的籽粒利用率不高；而土壤施硒与植株根系接触时间长，吸收更加充分，但是地上部利用率有所下降。所以，土壤施硒与叶面喷施硒肥相结合可以使强筋小麦地上部与根部硒得到同步提升，既能保证强筋小麦生长需求又能保证其籽粒硒含量的提高，这可能是由于土壤施用有机富硒肥和叶面施用水溶性硒肥后，硒通过木质部和韧皮部的转运较好，具体机制有待进一步研究。

（三）施硒肥方式对强筋小麦籽粒营养品质的影响

蛋白质、面筋、淀粉、蔗糖和可溶性糖含量是小麦籽粒营养品质的重要指标，共同决定了其品质及产量（李春艳等，2018）。小麦籽粒品质除受遗传因素影响外，栽培措施和生态环境对籽粒品质有明显的调控效应，其中以肥料的效应最为显著（束林华等，2007）。本研究中，不同施硒肥方式具有明显改善强筋小麦籽粒营养品质的作用，并且在 S30+F 处理下蛋白质、淀粉、可溶性糖和蔗糖含量达到最高；当施硒量大于 45 g/hm² 时，强筋小麦籽粒营养品质出现下降趋势。这表明适量的硒肥可以促进强筋小麦籽粒蛋白质含量增加，可能与硒进入小麦体内形成硒蛋白有关；促进淀粉、蔗糖和可溶性糖含量增加，可能是碳水化合物代谢酶活性增加所致（Singh 等，2018），碳水化合物含量的增加可能反映在更高的生物量积累和籽粒产量（图7-1）。本研究结果与樊文华（2013）、周遗品等（1995）的研究一致。刘万代等（2007）和郝敬爽等（2016）研究发现叶面喷施硒肥可以显著提升小麦蛋白质等品质。另有研究发现适量施用硒肥可以提高作物光合速率，通过增加淀粉、可溶性糖、还原糖和蔗糖等营养成分的含量，对碳水化合物代谢产生积极影响，从而提高小麦产量（Zhang 等，2014）。说明适量的硒可以刺激小麦光合作用，增强小麦光合能力，改善了籽粒品质，提高籽粒硒含量，进而达到增产效果；而当施硒量过多时，硒可能会使小麦的光合作用受到影响，造成小麦植株的贪青晚熟，从而影响转运，导致籽粒千粒重下降，最终造成减产，进而影响品质的提升。造成品质下降的相关机制还应进一步研究。

（四）富硒小麦生产

综合本试验结果可以看出，在小麦不同生育期，施用适量的硒肥且采用土施有机富硒肥与喷施水溶性硒肥结合的方式可以达到产量与品质的同步提升，说明通过施用硒肥来生产富硒小麦是行之有效的，但需要注意以下两点：①通过最佳施硒量与施硒方式结合研究使强筋小麦的产量和品质获得较大提高。原因一可能是有机富硒肥中硒元素的作用；原因二可能是有机富硒肥含有大量的有机质，可以活化土壤酶，改善土壤微生物的数量及群落，从而影响小麦的生长与发育，最终提升了其品质。②通过施硒量与施硒方式结合研究使强筋小麦籽粒富集营养元素硒，仅能体现出该小麦品种的富硒能力及该施硒方式的可行性。由于过量食用硒元素会对人体健康带来危害，因此在富硒小麦实际生产中，应根据不同人群补硒的要求，选择适宜的富硒小麦栽培方法，从而获取适宜硒含量的小麦。

六、结　论

本研究发现，不论采用土施、叶面喷施或土施×叶面喷施有机富硒肥方式，随硒肥用量的增加，强筋小麦各器官硒含量均显著增加，籽粒产量、植株生物量、各器官干物质量及营养品质（淀粉及其结构、蔗糖、可溶性糖）指标呈现先增加后降低趋势。在施硒总量一定条件下，土施与叶面喷施硒肥相结合既能保证强筋小麦生长需求，又能保证其籽粒硒含量的提高，且以 S30+F 处理（即土壤基施 30 g/hm^2+叶面喷施 15 g/hm^2）效果最佳。因此在小麦实际生产中建议选用有机富硒肥更为安全，但是有机富硒肥如何有效地影响土壤肥力及微生物群落进而影响小麦生长发育还需要进一步研究。

第二节　叶面喷施锌肥对紫粒小麦产量及品质的影响

本节的研究内容见第二章第一节第十五部分；指标测定方法见第二章第二节；数据处理与统计分析方法见第二章第三节。

一、产量性状

千粒重体现了小麦籽粒的饱满程度和大小，其越饱满相应产量则越高。由图 7-3 可知，两个品种间千粒重差异显著（$P<0.05$），在 4 种施锌浓度下，山农紫小麦的千粒重表现出明显优势。与不喷施锌肥处理（Zn0）相比，喷施锌肥显著增加了两个品种千粒重，提高幅度分别为 0.4%~4.9%（山农 129）和 1.3%~5.9%（山农紫小麦），且随着施锌浓度的增加，千粒重呈现出低浓度促进、高浓度抑制的现象。山农 129 和山农紫小麦的千粒重分别在 Zn30 和 Zn20 处理达到最高值。

由图 7-3 可知，由于山农紫小麦千粒重较大，故其实际产量要高于山农 129。叶面喷施不同浓度的锌肥对籽粒产量有显著影响（$P<0.05$），使山农129和山农紫小麦产量分别提高2.6%~4.7%和2.6%~5.3%。随喷施锌肥量增加，籽粒产量均呈先增加后降低趋势，同样以Zn30和Zn20达到最高值。说明该试验土壤锌条件下（土壤有效锌含量1.38 mg/kg），适量锌可以促进小麦产量增加，而锌过量则表现抑制作用；此外，还表明山农紫小麦对锌的敏感程度要高于山农129。F测验表明，叶面喷施锌肥对紫粒小麦和普通小麦千粒重和产量均有显著影响。

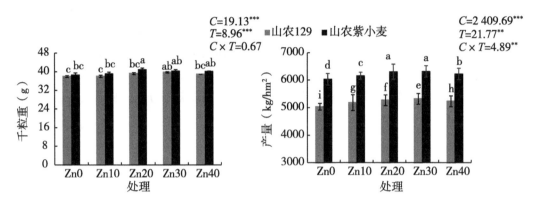

图7-3 叶面喷锌对紫粒小麦千粒重及产量的影响

二、锌富集程度

在叶面喷施锌肥条件下，两个小麦品种的总锌含量、锌累积量及锌利用率均达到显著水平（$P<0.05$），且山农紫小麦基础锌含量要高于山农129（表7-6）。随着施锌量的增加，两个小麦品种的总锌和锌累积量显著增加，锌利用率逐渐降低。在同一施锌量条件下，总锌含量、锌累积量和锌利用率表现为山农紫小麦大于山农129。与千粒重和产量结果相同，山农129和山农紫小麦籽粒锌含量分别在Zn30（比Zn0提高25.8%）和Zn20（比Zn0提高44.1%）处理达到最高值，说明山农紫小麦富锌能力大于山农129。F测验表明，施锌量、品种及施锌量×品种对小麦籽粒锌含量均呈极显著影响。

表7-6 叶面喷锌对紫粒小麦籽粒锌含量的影响

品种	处理	籽粒总锌含量（mg/kg）	籽粒锌累积量（g/hm²）	锌利用效率（%）
	Zn0	17.10e	86.72f	—
	Zn10	19.93d	104.41e	235.93bc
山农129	Zn20	20.63d	109.16e	149.61bc
	Zn30	21.52d	117.05e	134.81c
	Zn40	20.72d	106.07e	64.51c

（续表）

品种	处理	籽粒总锌含量（mg/kg）	籽粒锌累积量（g/hm²）	锌利用效率（%）
山农紫小麦	Zn0	33.18c	202.05d	—
	Zn10	43.69b	270.03c	906.39a
	Zn20	47.82a	303.19a	674.28a
	Zn30	46.16ab	291.27ab	396.53b
	Zn40	44.77b	279.82bc	259.23bc
$F_{品种}$		2310.07***	3475.79***	7.64*
$F_{处理}$		47.40***	64.50***	22.82***
$F_{品种×处理}$		15.03***	22.27***	9.17*

通过对山农紫小麦和山农129籽粒锌含量与施锌量进行相关性分析（图7-4），发现籽粒锌含量与施锌量之间存在正相关。山农紫小麦喷施锌浓度 x 与籽粒锌含量浓度 y 的关系满足 $y = -0.0211x^2 + 1.1018x + 33.77$，山农129满足关系式 $y = -0.0051x^2 + 0.2903x + 17.204$，相关系数均大于0.98。

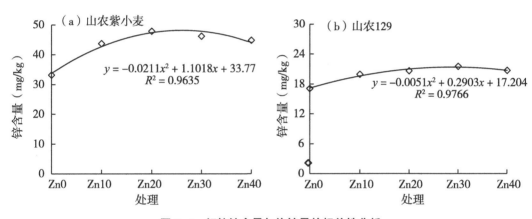

图7-4　籽粒锌含量与施锌量的相关性分析

三、营养品质

叶面喷施锌肥显著影响除清蛋白和球蛋白以外的蛋白质组分及蛋白质产量（$P < 0.05$）。总体来看，在Zn0处理下，山农129蛋白质及其组分含量和蛋白质产量均低于山农紫小麦（表7-7）。随着喷施锌肥浓度增加，两个小麦品种均呈现先升高后降低的趋势。山农129和山农紫小麦总蛋白质含量及蛋白质产量分别在Zn30（比Zn0提高1.2%、16.8%）和Zn20（比Zn0提高2.1%、20.1%）处理达到最高值，且山农紫小麦的增加幅度要大于山农129，说明叶面喷施锌肥对山农紫小麦的蛋白质含量影响较明显。由 F 测验表明，品种对小麦的蛋白质含量及蛋白质产量有显著和极显著影响。施锌量对谷蛋白有显著影响。

表 7-7　叶面喷施锌肥对紫粒小麦蛋白质及其组分含量、蛋白质产量的影响

品种	处理	清蛋白含量（%）	球蛋白含量（%）	醇溶蛋白含量（%）	谷蛋白含量（%）	谷醇比	总蛋白质含量（%）	蛋白质产量（kg/hm²）
山农129	Zn0	2.62c	2.01a	2.98b	3.97e	1.28c	13.01b	659.77e
	Zn10	2.73c	2.14a	3.19b	4.78d	1.48b	13.63ab	714.37de
	Zn20	2.85bc	2.20a	3.24b	4.80d	1.44b	14.03ab	742.23de
	Zn30	3.15ab	2.28a	3.49a	4.82d	1.35bc	14.17ab	770.84cde
	Zn40	3.05bc	2.25a	3.47a	4.78d	1.42bc	14.07ab	720.39de
山农紫小麦	Zn0	3.39a	2.09a	3.33ab	5.82c	1.83a	13.53ab	823.92bcd
	Zn10	3.44a	2.18a	3.41ab	5.97bc	1.94a	14.50ab	895.82abc
	Zn20	3.53a	2.36a	3.62a	6.58a	1.98a	15.60a	989.67a
	Zn30	3.50a	2.34a	3.59a	6.30ab	1.75a	15.32a	966.60a
	Zn40	3.46a	2.29a	3.55a	6.26ab	1.81a	14.56ab	910.00ab
$F_{品种}$		70.81***	3.23	2.00	446.46***	112.09***	5.55*	61.59***
$F_{施锌量}$		2.75	0.92	3.66	14.22***	3.16	2.06	3.49
$F_{品种×施锌量}$		1.71	0.67	1.66	2.59	2.40	0.27	0.31

从表 7-7 可知，山农 129 和山农紫小麦醇溶蛋白、谷蛋白含量分别在 Zn30、Zn20 处理下达到最大值，从图 7-5 可看出，山农 129 和山农紫小麦湿面筋含量分别在 Zn30（比 Zn0 提高 3.7%）、Zn20（比 Zn0 提高 4.4%）处理下达到最高值。且同一施锌量条件下，山农紫小麦的湿面筋含量和面筋指数大于山农 129。F 测验表明，品种、施锌量以及品种×施锌量对面筋指数均呈极显著影响。可见叶面喷施锌肥能提高小麦湿面筋含量和面筋指数，改善籽粒品质。

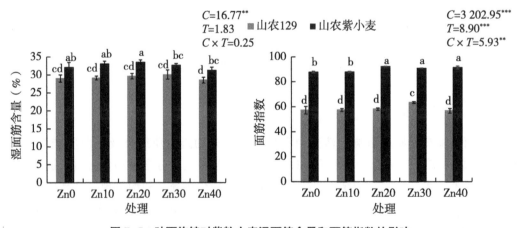

图 7-5　叶面施锌对紫粒小麦湿面筋含量和面筋指数的影响

由图 7-6 可知，随着喷施锌肥浓度增加，两个小麦品种的蔗糖、可溶性糖以及淀粉含量先升高后降低。Zn10 与 Zn0 相比山农紫小麦可溶性糖和淀粉含量分别提高 7.68%、5.06%，山农 129 分别提高 7.05%、3.66%，但无显著性差异（$P>0.05$）。山农紫小麦和山农 129 蔗糖含量升高并达到显著水平（$P<0.05$），分别在 Zn20（比 Zn0 提高 26.6%）、Zn30（比 Zn0 提高 21.5%）处理下达到最高值。F 测验表明施锌量和品种×施锌量均对蔗糖有极显著影响。

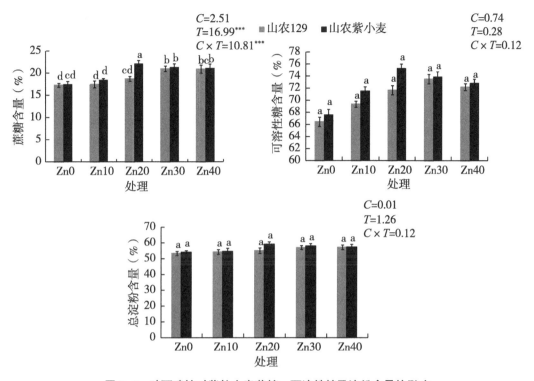

图 7-6　叶面喷锌对紫粒小麦蔗糖、可溶性糖及淀粉含量的影响

四、讨　论

（一）叶面喷锌对紫粒小麦产量及锌富集程度的影响

锌缺乏问题在世界范围内普遍存在并引起了广泛关注（Cakmak，2008），作物缺锌与人体缺锌存在直接联系。目前有研究已证实，施用锌肥能明显促进小麦和水稻的生长发育，并提高籽粒中锌的生物有效性，有利于人体吸收利用（Zhang 等，2012；张欣等，2019）。韩金玲等（2004）研究表明，适量施锌肥能够减轻干旱对小麦的影响，并增加产量。由此可看出，适量施锌肥对小麦部分产量性状有极显著影响，表明锌肥对小麦产量形成具有重要作用（张艳华等，2019）。前人的研究结果也各有不同，有学者发现，在 Adana 和 Samsun 喷施锌肥的试验小麦产量无显著效果（Cakmak 等，2010），Peck（2008）等和曹玉贤等（2010）研究也发现施锌肥对小麦产量并无明显影响，造成这种现象的原因可能是所选取的试验地农田土壤有效锌的背景值比较高，锌不是作物生长的限制因子。本研究发现，随着施锌浓度的增加，两个小麦品种的千粒重和产量均呈现出低浓度促进、高浓度抑制的现象。与李强（2004）等研究结果一致，锌肥用量

在适宜范围内时，能有效提高小麦产量，在此基础上再提高锌肥用量其增产效果反而下降。分析其可能原因，一是由于本试验土壤本身有效锌水平偏低，因此增加适量锌肥，进一步提高了土壤有效锌的含量，增加了千粒重，从而提高了小麦产量；二是锌作为多种酶的组分，参与了生长素、叶绿素的合成以及碳水化合物的转化，能够促进植物的光合作用，提高光合效率，并最终影响作物的生长及产量的提高（Torun 等，2000；韩金玲等，2004）。

叶面喷施锌肥被认为是改善谷物中锌含量最有效的方法，可以较容易地将锌运输到籽粒中，使谷物中的锌含量增加至 3~4 倍（Haslett 等，2001；Erenoglu 等，2002）。刘铮等（1994）研究发现，当土壤潜在性缺锌或严重缺锌时，叶面施锌可以明显改善作物锌营养状况。小麦籽粒锌含量能够增加 2 倍左右（Erenogiu 等，2001）。李孟华等（2013）研究发现，在西北旱地施锌，两季小麦籽粒锌含量较不施锌分别提高了 32% 和 44%。本研究表明随着锌肥用量增加，小麦总锌含量和锌累积量均得到提高，山农 129 和山农紫小麦籽粒锌含量分别在 Zn30 和 Zn20 处理达到最高值，且总锌含量、锌累积量和锌利用率均表现为山农紫小麦大于山农 129。由此说明田间管理、土壤条件等对改善区域小麦籽粒锌含量的重要性。所以，施肥和土壤养分引起的小麦锌吸收利用差异应得到重视。

（二）叶面喷施锌肥对紫粒小麦籽粒营养品质的影响

锌在作物品质形成过程中也发挥着重要作用，其参与植物呼吸作用及多种物质代谢过程，并通过酶的作用对植物碳氮代谢产生相当广泛的影响（冯锋等，2000）。有研究表明，小麦中蛋白质合成具有高锌含量要求（Marschner，2012）。本试验中山农紫小麦蛋白质含量和蛋白质产量均大于山农 129，且锌肥处理下的山农 129 和山农紫小麦总蛋白质含量及蛋白质产量分别比 Zn0 提高 1.2%、16.8% 和 2.1%、20.1%。两个小麦品种的蔗糖、可溶性糖以及淀粉含量呈现先升高后降低趋势，锌肥处理与 Zn0 相比山农紫小麦可溶性糖、淀粉以及蔗糖含量分别提高 7.68%、5.06%、26.6%；山农 129 分别提高 7.05%、3.66%、21.5%。张艳华等（2019）研究表明追施锌肥对小麦籽粒球蛋白和醇溶蛋白含量有显著影响，但总蛋白质、清蛋白和谷蛋白含量低于对照。王巧艳（2015）认为适当增加土壤锌含量能够增加强筋小麦籽粒的清蛋白、球蛋白和醇溶蛋白含量，当土壤中锌含量过高时，3 种蛋白质组分开始下降。究其原因可能是喷施锌肥提高了小麦硝酸还原酶活性、谷丙转氨酶活性和叶绿素含量，从而提高了小麦籽粒的沉淀值、湿面筋含量并且加快了蛋白质合成速率（徐立新，2006）。但是也有研究发现，小麦籽粒产量与蛋白质含量呈负相关，提高了籽粒蛋白质含量，但对籽粒产量的提高无明显作用（田纪春等，1994；贾振华，1988），这可能与土壤基础含量、施肥浓度有关。

叶面喷施锌肥显著提高了小麦地上部的锌累积量，但却显著降低锌收获指数。生殖生长阶段增加营养器官的锌储量是提高籽粒锌含量的关键（Cakmak，2010），籽粒通过再分配获得的锌占籽粒总锌量的比例为 58.2%~60.3%（Dang 等，2010），可见，籽粒锌的吸收和积累在较大程度上取决于营养器官对锌的再分配。然而，叶面喷施锌肥并没有使籽粒锌累积量像茎叶和颖壳中的累积量一样大幅度提高，导致锌收获指数降低。分析其可能原因，一是营养器官与生殖器官之间存在着转运障碍；二是籽粒库容有限从而限制了锌的积累，或者是叶面喷施的锌没能全部进入植物组织，而是部分残留在茎叶表面，导致籽粒中锌含量降低，从而使小麦品质也相对下降，具体机制还有待进一步研究。

五、结　论

本研究发现，随叶面喷施锌肥用量的增加，两种小麦锌含量均显著增加，籽粒产量、千粒重以及营养品质（蛋白质及其组分、蔗糖、可溶性糖、总淀粉、湿面筋、面筋指数）指标呈现先增加后降低趋势。根据不同品种小麦产量和籽粒锌营养的协同，山农紫小麦锌肥最优施用量为 20 mg/kg，山农 129 锌肥最优施用量为 30 mg/kg。综合考虑土壤特性以及前人研究结果，适当增施锌肥对紫小麦的增产以及提高籽粒锌营养是十分必要的，但关于锌肥最优施用量，还应根据土壤的有效锌含量和作物品种类型来确定。

参考文献

曹玉贤，田霄鸿，杨习文，等，2010. 土施和喷施锌肥对冬小麦籽粒锌含量及生物有效性的影响［J］. 植物营养与肥料学报，16（6）：1394-1401.

陈思杨，江荣风，李花粉，2011. 苗期小麦和水稻对硒酸盐/亚硒酸盐的吸收及转运机制［J］. 环境科学，32（1）：284-289.

陈雪，沈方科，梁欢婷，等，2017. 外源施硒措施对水稻产量品质及植株硒分布的影响［J］. 南方农业学报，48（1）：46-50.

樊文华，李霞，杨静文，2013. 硒钴配施对冬小麦产量品质及籽粒中硒、钴含量的影响［J］. 水土保持学报，27（2）：145-149.

冯锋，张福锁，杨新泉，2000. 植物营养研究：进展与展望［M］. 北京：中国农业大学出版社.

郭文慧，刘庆，史衍玺，2016. 施硒对紫甘薯硒素累积及产量和品质的影响研究［J］. 中国粮油学报，31（9）：31-37.

韩金玲，李雁鸣，马春英，2004. 锌对作物生长发育及产量的影响（综述）［J］. 河北科技师范学院学报，18（4）：72-75.

郝敬爽，2016. 叶面喷硒对不同小麦品种产量和籽粒品质的影响［D］. 杨凌：西北农林科技大学.

黄青青，2015. 水稻和小麦对硒的吸收、转运及形态转化机制［D］. 北京：中国农业大学.

晋永芬，高炳德，2018. 叶面硒肥对春小麦的富硒效应及硒素吸收分配的影响［J］. 中国土壤与肥料（2）：113-117.

李春艳，张润琪，付凯勇，等，2018. 小麦淀粉合成关键酶基因和相关蛋白表达对不同施磷量的响应 [J]. 麦类作物学报，38（4）：401-409.

李春燕，张雯霞，张玉雪，等，2018. 小麦籽粒淀粉与面粉的理化特性差异 [J]. 作物学报，44（7）：1077-1085.

李孟华，王朝辉，王建伟，等，2013. 低锌旱地施锌方式对小麦产量和锌利用的影响 [J]. 植物营养与肥料学报，19（6）：1346-1355.

李强，2004. 锌对小麦生长及产量的影响 [J]. 土壤肥料（1）：16-18.

刘万代，陈现勇，尹钧，2007. 花后喷肥对不同筋型小麦品种旗叶光合速率、籽粒产量和品质的影响 [J]. 江西农业学报（9）：74-77.

刘铮，1994. 我国土壤中锌含量的分布规律 [J]. 中国农业科学（1）：30-37.

马玉霞，杨胜利，赵淑章，2004. 强筋小麦富硒技术研究初报 [J]. 河南职业技术师范学院学报（3）：9-10.

穆婷婷，杜慧玲，张福耀，等，2017. 外源硒对谷子生理特性、硒含量及其产量和品质的影响 [J]. 中国农业科学，50（1）：51-63.

施和平，张英聚，刘振声，1993. 番茄对硒的吸收、分布和转化 [J]. Journal of Integrative Plant Biology（7）：541-546.

束林华，朱新开，陶红娟，等，2007. 施氮量对弱筋小麦扬辐麦 2 号产量和品质调节效应 [J]. 扬州大学学报（农业与生命科学版）（2）：37-41.

唐玉霞，王慧敏，杨军方，等，2011. 河北省冬小麦硒的含量及其富硒技术研究 [J]. 麦类作物学报，31（2）：347-351.

田纪春，梁作勤，庞祥梅，等，1994. 小麦的籽粒产量与蛋白质含量 [J]. 山东农业大学学报（4）：483-486.

王其兵，吴金绥，赵义芳，等，1997. 落花生不同器官对硒元素吸收和累积动态的研究 [J]. Acta Botanica Sinica（2）：164-168.

王巧艳，2015. 锌对不同筋力型小麦养分吸收及籽粒蛋白质组分的影响 [D]. 郑州：河南农业大学.

徐立新，毛凤梧，2006. 微量元素对小麦品质和产量的影响 [J]. 中国种业（6）：41.

殷金岩，2013. 不同硒肥对马铃薯硒素吸收转化及产量、品质影响的研究 [D]. 杨凌：西北农林科技大学.

张城铭，周鑫斌，2019. 不同施硒方式对水稻硒利用效率的影响 [J]. 土壤学报（1）：186-194.

张欣，2019. 叶面施锌对不同水稻品种稻米锌营养的影响及其机理 [D]. 扬州：扬州大学.

张艳华，常旭虹，王德梅，等，2019. 不同土壤条件下追施锌肥对小麦产量及品质的影响 [J]. 作物杂志（5）：109-113.

周鑫斌, 施卫明, 杨林章, 2007. 富硒与非富硒水稻品种对硒的吸收分配的差异及机理 [J]. 土壤 (5): 731-736.

周遗品, 1995. 硒对水稻蛋白质和氨基酸含量影响的初步研究 [J]. 石河子农学院学报 (3): 18-22.

CAKMAK I, 2008. Enrichment of cereal grains with zinc: Agronomic or genetic biofortification? [J]. Plant & Soil, 302 (1-2): 1-17.

CAKMAK I, KALAYCI M, KAYA Y, et al., 2010. Biofortification and Localization of Zinc in Wheat Grain [J]. J. Agric. Food Chem., 58 (16): 9092-9102.

DANG H K, LI R Q, et al., 2010. Absorption, Accumulation and Distribution of Zinc in Highly-Yielding Winter Wheat [J]. Agricultural Sciences in China, 7 (9): 39-47.

ERENOGIU B, RöMHELD V, CAKMAK I, 2001. Retranslocation of zinc from older leaves to younger leaves and roots in wheat cultivars differing in zinc efficiency [M]. Dordrecht: Springer.

ERENOGLU B, NIKOLIC M, RÖMHELD V, et al., 2002. Uptake and transport of foliar applied zinc (65Zn) in bread and durum wheat cultivars differing in zinc efficiency [J]. Plant and Soil, 241 (2): 251-257.

HASLETT B S, REID R J, RENGEL Z, 2001. Zinc mobility in wheat: uptake and distribution of zinc applied to leaves or roots [J]. Annals of Botany, 87 (3): 379-386.

KAUR M, SHARMA S, SINGH D, 2018. Influence of selenium on carbohydrate accumulation in developing wheat grains [J]. Communications in Soil Science and Plant Analysis, 49 (13): 1650-1659.

MARSCHNER P, 2012. Mineral Nutrition of Higher Plants [M]. New York: Academic Press.

PECK A W, MCDONALD G K, GRAHAM R D, 2018. Zinc nutrition influences the protein composition of flour in bread wheat (*Triticum aestivum* L.) [J]. Journal of Cereal Science, 47 (2): 266-274.

TORUN B, BOZBAY G, GULTEKIN I, et al., 2000. Differences in shoot growth and zinc concentration of 164 bread wheat genotypes in a zinc-deficient calcareous soil [J]. Journal of Plant Nutrition, 23 (9): 1251-1265.

ZHANG L, HU B, LI W, et al., 2014. Os PT 2, a phosphate transporter, is involved in the active uptake of selenite in rice [J]. New Phytologist, 201 (4): 1183-1191.

ZHANG Y Q, DENG Y, CHEN R Y, et al., 2012. The reduction in zinc concentration of wheat grain upon increased phosphorus-fertilization and its mitigation by foliar zinc application [J]. Plant and Soil, 361 (1): 143-152.